塔中志留系沥青砂岩流体微观分布特征及聚集规律

宋荣彩 著

科学出版社

北 京

内 容 简 介

塔中志留系沥青砂岩分布规律不清、储层控制因素复杂、流体分布规律难以落实。本文以微观手段研究油气富集特征为特色，采用宏观与微观紧密结合、地质与地震紧密结合、地质理论和实际生产状况紧密结合，较客观的揭示了塔中志留系潮坪环境薄互层砂体分布规律、沥青砂岩储层主控因素及油气微观赋存状态及丰度。研究认为持续演化的古构造背景是油气成藏指向、优越的沉积相是基础、孔隙类型是流体可动量的关键。该套沥青砂岩具有"势控方向、相控储层、物控油藏"油藏分布聚集规律。

本书适合石油地质相关专业本科生、研究生以及从事储层成因研究和油气田开发相关实践的学者及专家阅读和参考。

图书在版编目(CIP)数据

塔中志留系沥青砂岩流体微观分布特征及聚集规律 / 宋荣彩著. —北京：科学出版社，2016.10

ISBN 978-7-03-050188-2

Ⅰ.①塔… Ⅱ.①宋… Ⅲ.①塔里木盆地-志留纪-沥青砂-砂岩储集层-研究 Ⅳ.①P618.130.1

中国版本图书馆 CIP 数据核字（2016）第 240713 号

责任编辑：杨 岭 郑述方 / 责任校对：冯 铂
责任印制：余少力 / 封面设计：墨创文化

科 学 出 版 社 出版

北京东黄城根北街16号
邮政编码：100717
http://www.sciencep.com

成都锦瑞印刷有限责任公司 印刷

科学出版社发行 各地新华书店经销

*

2016 年 10 月第 一 版 开本：787×1092 1/16
2016 年 10 月第一次印刷 印张：8 1/4
字数：200 千字

定价：83.00 元

（如有印装质量问题，我社负责调换）

前　言

　　纵观世界能源消费发展历程，1950 年，煤炭占 50.90%，石油占 32.90%，天然气占 10.80%；到 1970 年，煤炭占 20.80%，石油占 53.40%，天然气占 18.80%；2012 年，英国石油公司(British Petroleum，简称 BP)在《世界能源统计回顾 2013》中的数据显示，全球一次能源消费总量为 124.77 亿 t 油当量，其中煤炭占 29.90%，石油占 33.10%，天然气占 23.90%，其他能源占 13.10%；BP 公司预测，2035 年，煤炭占 26.50%，石油 28%，天然气占 26.50%，其他能源占 20.20%。石油、煤炭在未来能源结构中所占比重有所减少，天然气、核能、水能与可再生能源比重增大。但石油仍是世界上主要能源，是全球最重要的商品之一，不论现在还是未来，它在能源方面仍占统治地位，而且它还是化工业、塑料业的重要原材料，这些产业都与我们的日常生活息息相关。

　　通常讲的"沥青砂岩"，俗称"油砂"，亦称"焦油砂"、"重油砂"，是世界上原油大家族的重要一员。随着全球能源消费的不断增长，常规油气资源勘探开发难度不断增大，非常规油气资源将成为未来油气资源利用的重要接替领域。作为非常规石油主要类型的重油和油砂资源，在全球分布极不均衡，其集中程度远高于常规油气(图 0-1)。随着勘探开发的不断深入，油砂资源在现有经济技术条件下展示了巨大潜力。世界发达国家已实现商业开采，对优化这些国家的能源结构和稳定能源供给发挥了重要作用。

图 0-1　全球重油、油砂富集带分布示意图

图片来源：Hart Energy Research Group，2015。

　　当前世界上开采利用的"油砂"沉积环境多为淡水及半咸水相，为已露出或近地表的重质残余石油浸染的砂岩，系原油在运移过程中失掉轻质组分后的产物，可用以提炼重油和沥青。根据国际能源署(International Energy Angency，简称 IEA)估计，加拿大油砂的原始可采储量为 1780 亿桶(2.83×10^{10} m³)，世界能源理事会(World Energy Council，简称 WEC)引用美国地质勘测局的报道，23 个国家中的 598 个沉积层中都有油砂，其中最大的分别在加拿大、哈萨克斯坦和俄罗斯联邦。全球油砂可采储量估计为

2497 亿桶，其中加拿大占 70.80%，主要分布在阿沙巴斯克（Ashabasca）、冷湖（Cold Lake）以及和平河（Peace River）3 个油砂区，面积分别达 $4.30 \times 10^4 km^2$、$0.73 \times 10^4 km^2$ 和 $0.98 \times 10^4 km^2$。据加拿大官方统计，油砂生产超过其总产油的 56%，包含加拿大已探明储量的 98% 以上。在未来 25 年，将有 7830 亿美元的矿权使用费和资源税支付给政府。2016 年分析咨询公司 Global Data 称，在接下来的十年中，若油砂能够将成本控制在每桶 20~25 美元，加拿大西部的油砂区或将迎来约 406 亿美元的资本支出投资，成为新的石油开发热点区。目前，加拿大石油生产商协（The Canadian Association of Petroleum Producers，简称 CAPP）表示，尽管油价下跌，但截至 2030 年加拿大油砂行业产量将有望增加至 155 万桶/天。同时，全球能源咨询公司 IHS Energy 发布报告称，加拿大油砂原油产量将于 2025 年激增至 340 万桶/天，这主要得益于现有油砂项目的扩建，而非新项目建立。CAPP 预测的未来石油产量数据表明：沥青总产量在增加，在提高沥青品质之后，油砂开采和原地定价有利于增加净沥青产量。可见，即便油价低迷的形势下，油砂项目仍具有良好的发展前景。由于油砂埋藏浅，油砂项目通常的勘探成本较低，其成本多花在开发方面。以加拿大油砂项目为例，无论大小公司，他们的工作程序都差不多：先砍掉所有的树，然后移走地表的泥土，电铲随后撮起油砂装入巨型卡车，它载重量巨大，每趟能运走 90t 油砂，每 2.50t 油砂可以生产一桶油。

但是，对油砂的开发利用，也存在较为突出的困难：其一，油砂田生产的能源消耗非常高，对环境的冲击巨大，如考虑开采后土地恢复的成本，这将是项目是否能盈利的关键；其二，根据 2016 年最新发表在《自然》杂志上的一项研究表明，加拿大的油砂在回收油过程中释放了大量有害的空气污染物，这些空气污染物可能引发严重的环境及人员健康问题，该问题也是制约油砂项目经济开发的瓶颈所在（图 0-2）。

图 0-2　加拿大亚伯达的油砂区鸟瞰图

图片来源：新华社图片，2015 年 5 月 18 日。

我国油砂勘探开发起步较晚，尚处于普查与初步研究阶段。近年来愈来愈多的石油公司、科研院所、民间机构开始关注油砂的勘探开发工作，如国土资源部、中国石油、中国石化、成都理工大学和吉林大学等开始对中国油砂资源的勘探和开发技术进行专门的研究工作。目前已完成了全国的油砂资源评价工作。我国的油砂资源比较丰富，地质储量 $59.70 \times 10^8 \mathrm{t}$，可采资源储量 $22.65 \times 10^8 \mathrm{t}$，居世界第五，主要分布在新疆、青海、西藏、四川、贵州。此外，广西、浙江、内蒙古也有分布。根据国土资源部预测数据，到2050年我国油砂年产量将达到 $1.80 \times 10^8 \mathrm{t}$。可见油砂的开发利用，是对我国液体燃料能源的重要补充。

20世纪90年代，在对我国塔里木盆地志留系进行油气勘探时，发现了横向上大规模分布、纵向上大套存在的黑色砂岩，主要分布在塔中低凸起、塔北隆起中西部及其斜坡区、巴楚凸起。初步研究发现，该套黑色砂岩是高含沥青或高含重油所致，沥青砂岩段厚度在各个地区具有不均匀性，从几米到一百多米不等，储层埋藏深、单层厚度薄、储层中沥青分布产状复杂、沥青的物理状态也不同，由此引起储层物性的非均质性强，受控因素复杂，其中的油气富集成藏规律复杂，除受沉积作用、成岩作用影响外，沥青分布产状也是其主要控制因素(图0-3)。

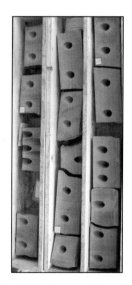

图0-3　塔里木盆地志留系某井柯坪塔格组下段不同油气显示(油浸、油斑、油迹、荧光)

前人对该套沥青砂岩沉积环境、砂体展布、储层特征、控制因素、成藏规律等方面进行了由浅到深的研究。至2006年的勘探开发成果表明：塔里木盆地志留系分布面积约 $24.90 \times 10^4 \mathrm{km}^2$，沥青砂岩分布面积约 $3.05 \times 10^4 \mathrm{km}^2$ 荧光以上油气显示主要集中在塔中、塔北和满东地区，沥青砂岩主要分布在塔中、塔北和巴楚以及柯坪露头区；发现塔中11井、塔中12井、满东1井等油气藏，探明石油地质储量近 $2000 \times 10^4 \mathrm{t}$(图0-4)。

塔中志留油藏自发现到试开采以来，由于油气富集规律复杂、油层薄、油质稠，"口口见油，口口不流"，多年来在解决该油藏开发上"有储无产"的瓶颈问题上没有重大突破。2005年实施的两口开发井没有获得工业产能，但实钻构造顶面海拔与设计的差不多，说明构造程度落实比较高。前人分析认为主要是由于早期古油藏遭破坏形成的古沥

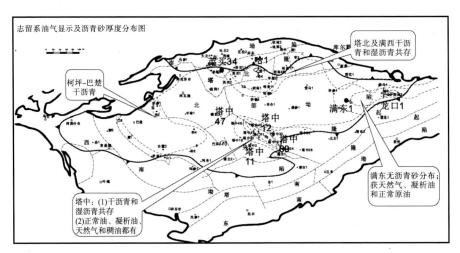

图 0-4　塔里木盆地志留系油气显示及沥青砂厚度分布图

图片来源：中国石化集团西北石油局，2006。

青占据了优质储层孔隙和孔道，影响储层的有效孔隙度和渗透率从而影响储量和产能，是否如此？

可以看出，该套埋藏在地下 4500m 以下的沥青砂岩与通常意义的油砂的研究思路、勘探手段、开发措施都有所不同，具有明显"井深"、"层薄"、"混油"的中国油气分布特色。由于地层埋藏深度大，地震资料分辨率有限，等时的地层格架难以客观建立，导致该套砂岩层分布规律不清，在此情况下研究油层分布规律更是犹如瞎子摸象，常规储层评价难以表征，其中油层非均质决定了计划储量难以动用。因此，若要有效开发该种深度大、储层孔渗复杂、油层非均质性强的非常规油藏，评价其储集砂体的分布、物性特征、沥青对储集物性的影响、成藏过程等要素是开发成功的关键。

本著作依托塔里木油田公司《已开发油气田构造精细描述及滚动开发目标研究》项目下设立的专题项目《塔中 12－50 井区志留系储层精细描述与滚动目标优选》。主要资料清单包括：

塔中 12－50 井区近 230km² 的三维地震数据；

塔中 16 口井近 1000m 的取芯资料；

塔中多口井的粒度分析、扫描电镜资料、同位素分析及地化分析资料；

塔中 46 口井的测井、测试及生产动态资料；

塔中 2000 余张取芯普通薄片、含油薄片、铸体薄片，以及塔中 11 井、塔中 12 井志留系连续岩屑普通薄片 293 张。

有了以上基础资料，论著试图解决该套沥青砂岩的如下关键问题：

第一，井－震结合，并充分利用薄片微观证据，解决在等时地层格架下有效砂岩分布的规律问题；

第二，利用纵向较连续的铸体薄片，在考虑沥青产状、演化、含量基础上，描述该套沥青砂岩特征及孔隙演化过程，进一步分析该套沥青砂岩储层控制因素；

第三，对比洗油薄片与含油薄片，定性分析含有不同产状沥青孔隙大小、孔隙类型，利用洗油前及洗油后测试物性数据，分析该套沥青砂岩的物性特征及控制因素；

第四，使用纵向上较为连续的取芯含油薄片资料，结合测井物性和含油气性解释结果，在生产动态资料验证下建立微观流体纵向分布剖面；

第五，在地化资料分析综合分析基础上，结合成岩演化过程中，沥青砂岩充注在岩石薄片中留下的微观痕迹，判断油气运移通道、路径及期次。

当然，从以上资料和试图解决的问题来看，都是一个巨大的工作量。研究组在前期工作中，由于收集的岩心、岩屑薄片及其他各项资料不系统，地震剖面分辨率不够，分析的点上资料相互矛盾较多，一度致使工作难以深入进行。通过中期之后资料的系统整合、补点分析，研究组成员详实而扎实的显微镜微观成分、结构、含油气特点的辨识、组合及讨论，最终使塔中沥青砂岩的宏观展布及微观流体特征，在典型的塔中 12−50 区块得到了很好的恢复和展示，为全区志留系沥青砂岩开发提供了思路。

专著中大量的微观薄片鉴定工作由李秀华教授完成，井震处理及解释由张小兵老师完成，沉积相部分工作由陈克勇老师完成，岩心综合柱状图绘图工作由高志友老师完成，段新国教授也参与了前言部分编写工作。本专著还依托研究生的大量基础工作，他们是刘栋、王洋、陈珊珊、肖锦泉、陈楠、孙亮、张家竹、刘广景、王承红、陈全、朱翔等。工作合作单位塔里木油田公司勘探开发研究院为本专著的编写提供了宝贵资料，各位专家还提出了许多宝贵意见和建议。在这里对他们出色的工作一并表示由衷的感谢。

需要说明的是，文中具体资料涉及技术及开发保密，因此，用 A、B、C 相应符号代替，但这并不影响文中规律性展示。请读者予以谅解。

目　　录

第一章　塔中沥青砂岩勘探开发进展

第一节　塔中志留系勘探开发现状

塔里木盆地志留系油气及沥青在全盆地广泛分布，其中塔中地区油气显示尤为活跃，常见干沥青和湿沥青共存；正常油、凝析油、天然气和稠油都有。目前，塔中地区钻遇志留系地层的探井达 80 余口，其中，工业油流井 10 余口、可动油流井 6 口、油气显示 27 口、沥青显示 23 口、无显示 10 口、发现油藏 5 个(图 1-1)。

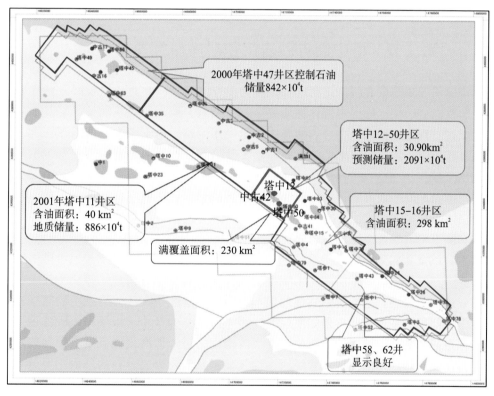

图 1-1　塔中志留系沥青砂岩油气藏分布图

图片来源：塔里木勘探开发研究院，2005 年。

在塔中 12-50 井区，1994 年，塔中 12 井加砂压裂 4374~4413m 油 18.33t/日；1997 年塔中 50 井加砂压裂 4378.50~4401.50m 油 10.1t/日；2004 年塔中 122 井在上三亚段完井测试获日产 17.79t 的工业油流；2005 年塔中 12-1 井在 4229~4254m 的上三亚段，25m/6 层，注入氮气气举，举出完井液带油花；2005 年塔中 12-2 井在 4356~4357m，4353~4353.50m，1.50m/2 层的上三亚段，日产水 2.94m³，共出油 0.54m³，累计出水 13.74m³；2007 年中古 7 井在志留系未取心，气测显示 4 层 10.50m，中古 42 井在志留系未取心，气测显示 3 层 7m。2004 年储量计算时，认为塔中 12 井区志留系油藏为一边水构造－岩性油藏，2004 年 10 月上报探明含油面积 22.70km²，探明石油地质储量为 1566×10⁴t，采收率 16%，可采储量 250.60×10⁴t。但从塔中 12-50 井区的勘探历程来看，油层薄、油质稠、储产极不匹配。2012 年在塔中 16 井区新部署的井、塔中 122 井实施的加砂压裂改造在志留系中均取得了不俗的油气产量，这充分说明塔中志留系有现实可开发利用的储量，只是其控制因素有待探索。

塔中志留系砂岩发育，沥青砂岩段为粉－细－中砂岩，砂岩经历了压实作用、胶结作用、交代作用和溶解作用等多种成岩作用，目前已达到晚成岩 A2 期。孔隙演化与该区的成岩作用关系密切，特别是次生孔隙也较发育。孔隙演化经历了原生孔隙的破坏、次生孔隙的形成和次生孔隙的破坏 3 个阶段，其中机械压实作用和胶结作用是原生孔隙损失的主要原因，溶蚀作用产生的次生孔隙是重要的储集空间，原生和次生孔隙各占相当比例，但是，由于沥青质的充填使储层孔隙结构变得复杂。因此，沥青砂岩储层特征及演化内容也成为本书的重要部分。

第二节　塔中沥青砂岩沉积层序研究及存在问题

地震储层预测结果表明，该沥青砂体极为发育。已钻的井对比结果展示储集砂体纵向叠置、横向变迁快。储层中流体性质复杂，干沥青、稠油、轻质油、干层及水层交互分布，成藏过程受控因素复杂，致使其中储量动用困难。由于塔中志留系埋深大、储层纵横向非均质强、地震分辨率低，由此，落实砂岩的分布规律是解决塔中志留系开发的重要基础工作。

塔里木盆地塔中地区志留系沉积环境为潮控滨岸带，主要发育潮坪沉积体系，这在柯坪塔格组表现得尤为突出。在低缓地形背景下发育的柯坪塔格组潮坪沉积环境可分为潮间带和潮下带，发育泥坪、混合坪、砂坪和潮道沉积相。由于研究方法和观点的不同，对塔里木盆地及其部分地区志留系层序的划分也不尽相同：赵文光(2007)将塔中志留系划分为 5 个三级层序，每个层序均由海侵和高位体系域两部分组成，并认为其上覆泥坪形成有效遮挡的盖层，是形成油气藏的根本原因，而层序中高位体系域中的储层比海侵体系域中的储层更靠近盖层；朱如凯(2004)将志留系分为 3 个三级层序，砂体主要发育于海侵体系域(TST)，最好的储层位于最大海泛面附近，即海侵体系上部和高水位体系域的下部是海相砂体的最佳发育场所，油气显示及沥青砂岩分布的层段主要分布在三级层序的最大海泛面附近，油气藏类型为由多个层状砂岩透镜体在垂向和平面上叠置的岩性油气藏和受构造控制的断背斜油气藏；郭少斌(2007)识别出了 7 个三级层序，与典型的 I 型层序相比，低位体系域缺失盆底扇、斜坡进积复合体等沉积体系；张金亮(2006)用高分辨率层序地层学理论为指导，对塔里木盆地志留系进行高分辨率层序地层学分析，将全盆地划分出了 4 个长期基准面旋回层序(SQ)；而在周文等(2008)对塔里木盆地志留系进行层序研究时，却识别出了 13 个三级层序。

另在 2012 年，塔里木油田公司勘探开发研究院的沉积层序研究进展成果(图 1-2、图 1-3)似乎解决了地层格架及其中成因砂体分布问题，但从成果图中我们仍然觉得划分的证据不够充分，规律性难以把握。

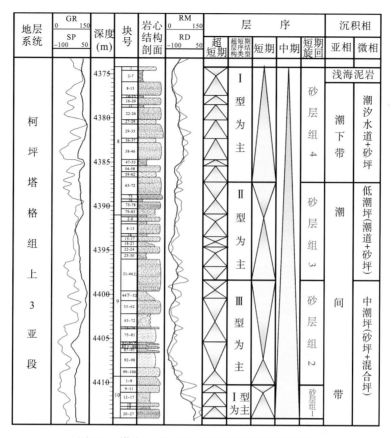

图 1-2　塔中 A 井 $S_1k_2^3$ 段沉积层序综合柱状图

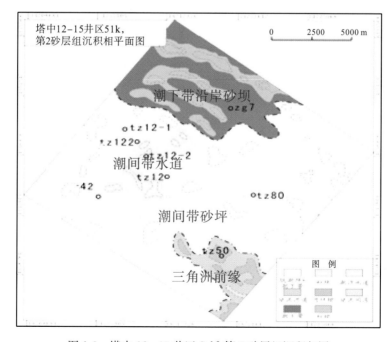

图 1-3　塔中 12-15 井区 $S_1k_2^3$ 第 2 砂层组沉积相图

从以上研究成果可以看出，塔里木盆地志留系的层序划分和对比需进一步认识。需从其沉积特点及古地理背景出发，结合古陆表海环境的水动力特点，以岩心、测井、地震、油质特征等分析为基础，建立起塔中地区志留系可靠地层格架，为志留系进一步的等时地层追踪对比、砂体成因类型、几何形态、储层结构描述等精细地质研究奠定基础。

第三节　沥青砂岩非常规储层描述进展

目前该套沥青砂岩储层评价有 3 个方向：一是常规手段，即沉积－成岩基础上的砂岩分布、物性参数变化、控制因素研究、储层分类评价体系，如：刘绍平(1996)、钟大康(2006)、张金亮(2006)、张炎忠(2006)、王萍(2008)、王勇(2009)；二是地震储层预测，即利用丰富的三维数据体，井－震结合，用各种动力学参数和运动学参数展现砂体、有效砂体及其中的流体分布特征，王成林(2008)及研究院众多的研究成果均源于此方法；三是非常规储层评价，即在常规储层评价基础上，研究沥青成岩和产状对储集物性的影响，如段金宝(2006)用测井方法确定砂岩储层中固体沥青含量就是较好的尝试。尤其是陈强路(2006)在研究塔中志留系沥青砂岩时，考虑常规物性分析不能客观地表征被不同性质沥青充填的砂岩的储层物性及孔隙结构，因此在定量测算的基础上，提出了用残余孔隙度和残余渗透率来客观表征沥青砂岩储层物性及孔隙结构的方法(图 1-4、图 1-5)。此方法值得很好地借鉴。

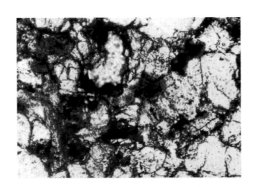 

(a)偏光镜下特征　　　　　　　　　　　　　　　(b)荧光镜下特征

图 1-4　S 井 ST－05 样品的干沥青、稠油和轻质油显微赋存特征

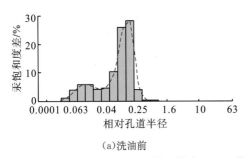

(a)洗油前　　　　　　　　　　　　　　　(b)洗油后

图 1-5　洗油前后塔中 S1－2 井样品沥青砂岩微观孔隙结构分布

因次，在本论著中，探究沥青砂岩的特征考虑了3个方面要素：研究储层本身致密化及演化过程；沥青的成因、分布产状及对孔、渗条件的影响；储层成岩演化及沥青充填共同制约目前优质储层发育分布和发育情况。利用的测试手段包括含油薄片鉴定、含油薄片荧光分析，洗油前气体法物性参数测定及洗油后气体法物性参数测定。

第四节　沥青砂岩成藏研究进展

埋藏深度大的沥青砂岩成藏是一系列复杂的演化过程。塔里木盆地塔中隆起志留系油气成藏具有"两源三期"的成藏特点，"两源"是指油气来源于寒武系和中、上奥陶统两套烃源岩；"三期"是指从沥青到可动油的形成经历了加里东晚期、海西晚期、燕山－喜山期3个成藏期。沥青的形成是早期油气运移聚集过程中遭破坏的结果，目前所发现的可动油是以中、上奥陶统油气源为主的晚期成藏的结果。发育3种油气藏类型，即背斜构造、地层岩性以及火山岩遮挡型。吕修祥（2008）认为塔中隆起志留系油气聚集受三大因素控制，一是隆起构造背景，围绕古隆起构成多种圈闭类型组合的复合油气聚集区；二是有效盖层，志留系中的油气显示十分活跃，包括沥青、稠油和正常油，沥青和稠油分布在红色泥岩段以下，而可动油集中分布在上二亚段之下；三是优质储层、砂岩储层分布广泛，储层储集空间有次生－原生孔隙型、原生－次生孔隙型、微孔隙型三种类型，孔隙度3.30%～17.40%，渗透率（0.10～667.97）×$10^{-3} \mu m^2$。志留系砂岩充填沥青后孔隙度和渗透率大大降低，后期原油能否再对沥青砂岩进行充注及充注后的孔渗条件如何是人们普遍关注的问题。刘洛夫（2001）认为，早期胶质——沥青质沥青对砂岩的有效储集性能有"污染"作用，因此在古油藏或油层内，尽管有后期烃类注入，也很难形成有效产层，即形成强者恒强的"昌泰反应"。陈强路（2007）通过油气再充注模拟实验得出不同黏度的原油对沥青砂岩进行充注后，其残余孔隙度、残余渗透率明显增大，这表明晚期油气可以再次充注沥青砂岩，从而使其成为有效储层，张哨楠（2009）等通过塔河志留系的研究也得出该认识。

在油田中，固体沥青、重油、轻油等多相油体共存，往往造成对油气储量的过高估计，如何通过对固体沥青的标定，更准确地反映油气储量，为制订正确的开发措施提供理论依据是研究的关键。陈强路（2007）通过油气充注对塔中志留系沥青砂岩储集性影响的模拟实验，得出如下认识：（1）早期充填沥青少而残余孔隙率、渗透率很低的砂岩，晚期油气仍不能充注，是非储层；（2）早期沥青均匀充填、充填程度高，残余孔隙率、渗透率低的砂岩，晚期低黏度稀油仍能充注，孔隙率、渗透率有大幅度提高，是有效储层；（3）早期沥青充填较均匀，残余孔隙率相对较高，不同黏度的原油充注后，孔渗条件发生明显的改善。常温的实验表明，原油的物理性质是决定沥青砂岩能否再次充注的关键因素之一，稀油充注是志留系沥青砂岩成藏的必要条件。

以上研究成果和认识表明，要攻克塔中志留系沥青砂岩的开发难题，落实砂岩的分布规律、非常规储层的评价、油气充注期次及效率是必须要解决的问题。

第五节　沥青砂岩油气聚集规律研究思路

研究区油气富集规律复杂、油层薄、油质稠，这些状况导致油藏开发多年来"有储无产"，并且在 2005 年两口开发井失利。针对这些问题，在深入分析前期油气勘探开发成果及邻区研究成果的基础上，利用地震、钻井、录井、测井、取心、试油等资料，对研究区层序格架、沉积微相及砂体分布特征、固体沥青成因、充填方式及其对储层的影响、储层孔隙演化及储层致密化进程、储量评价等做详细研究，最终提出有利的目标区。具体研究方法及思路如下：

首先，以层序地层学理论为指导，进行小层划分对比，落实地层展布、砂体分布和沉积微相研究，结合地震资料建立地层格架模式及沉积模式。

其次，对固体沥青进行驱替，研究驱替前后储层薄片、物性特征、孔隙结构的变化情况，结合薄片观察对固体沥青的成因、充填方式及形成过程进行综合评价，评价固体沥青对储层的影响程度，结合储层特征研究成果，建立沥青砂岩分类评价标准，最终对沥青砂岩进行综合分类评价。

再次，对主要储层段的岩心铸体薄片及扫描电镜进行分析和总结，以岩石学特征为研究基础，对孔隙类型、孔隙结构，成岩演化的阶段以及成岩的历史进行恢复，充分展示孔隙演化过程，即储层的致密化进程。利用薄片分析、包裹体样品分析等资料确定油藏成藏期次，特别是固体沥青的形成时间，对固体沥青形成后研究区的油气充注历史要做深入研究。

最后，利用以上的研究结果对研究区的储量进行核实，评价其可动用性，分析失利井失利的原因，提出相应的开发模式及开发对策，提出有利的勘探开发目标区，为研究区的顺利上产打下基础。

在实际研究过程中花费大量的时间尝试了各类实验，形成了较为完备的思路及技术路线(图 1-6)。以下思路与技术路线在塔中沉积背景相似的其他地区进行了应用，效果良好。

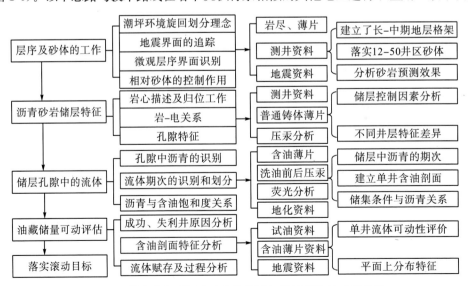

图 1-6　塔中志留系沥青砂岩储层精细描述思路技术路线图

第二章　层序地层格架研究

　　塔中志留系地层是在塔中古隆起上发育的潮坪沉积体系，其顶、底均为不整合接触关系。地层整体发育相对稳定，除在相对的高地缺失顶部和顶部地层外，内部地层发育连续。地层的认识是储层特征及流体分布认识的重要基础，前人的研究成果分两种：一种是岩性分层，该层共分 6 个岩性段，由下至上依次是上三亚段、上二亚段、上一亚段、红色泥岩段、砂泥岩段、上泥岩段；另一种是建立的等时地层格架。由于塔中志留系分布广，构造复杂，地震资料分辨率有高有低，建立等时地层格架的成果差异较大(图 2-1)。

　　塔中志留系层序的识别和划分前人研究成果众多，使用的资料和研究方法有：野外露头资料、岩心观察、测井组合及沉积相资料、地震剖面可追踪性。可以看出，成果之间差异较大。本文除以上资料和方法的应用外，主要特色在于地质微观特征的应用。

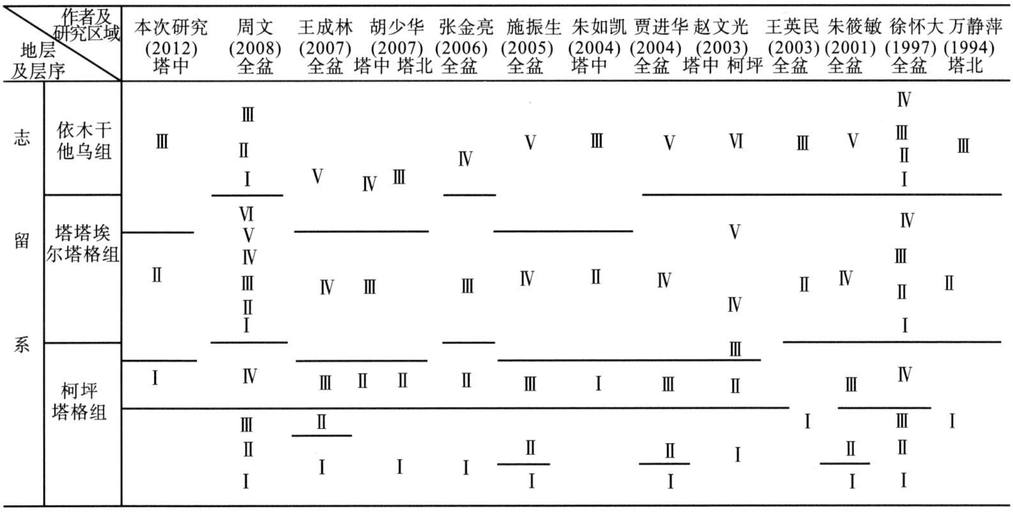

作者及研究区域＼地层及层序	本次研究 (2012) 塔中	周文 (2008) 全盆	王成林 (2007) 全盆	胡少华 (2007) 塔中	张金亮 (2006) 塔北	施振生 (2005) 全盆	朱如凯 (2004) 塔中	贾进华 (2004) 全盆	赵文光 (2003) 塔中	王英民 (2003) 柯坪	朱筱敏 (2001) 全盆	徐怀大 (1997) 全盆	万静萍 (1994) 塔北
志留系 依木干他乌组	III	III / II / I	V	IV	III	V	III	V	VI	III	V	IV / III / II / I	IV / III / III
志留系 塔塔埃尔塔格组	II	VI / V / IV / III / II / I	IV / III	III		III	IV	II	IV	V / IV / III	IV / II	III / II	IV / III / II
志留系 柯坪塔格组	I / III / III / I	IV / II / I	III / I	III / I	I	III / II / I	I / I	III / II / I	II / III	III / I	III / II / I	IV / III / II / I	IV / III / I

图 2-1　塔里木盆地志留系层序划分方案对比

第一节　层序地层划分

　　层序是以不整合面或与之可对比的整合面为边界的、相对整一连续的有成因联系的一套地层。不整合面的确立是层序划分的关键，也是层序地层分析的基础。颜色、岩性和沉积相的突变，测井曲线的形态、异常幅度、测量值等发生明显变化，古土壤和根土层、区域性不整合面和底砾岩的存在以及地震反射终止关系(上超、下超、削截等)等都是识别层序界面的重要标志。

　　本次研究层序地层的划分中综合应用了岩心、薄片、测井、地震等资料，考虑到各种信息的分辨能力及资料分布特点，采用高分辨率层序地层学的手段，进行潮坪环境地层的划分与对比；遵循了等时性、最大间断、沉积相控制规律一致性、沉积旋回规模一致性、统一性五大原则；通过对标志层和旋回界面进行识别，建立了塔中地区的长期旋回格架，并进一步建立了塔中 12 井区的中期旋回格架。本次研究中塔中地区新建立的 3 个长期旋回，无论是针对全盆、塔中地区、塔北地区或者柯坪塔格组的地层格架均与其他方案划分不尽相同。

第二节　层序界面识别

一、塔中志留系顶底层序界面识别

志留系的顶底界面，在井震资料上可追踪、可识别。根据地震反射终止关系和地震反射波组特征，可以很明显地识别出志留系的顶底界面，具体体现为地层界面的不整合，其顶界面 Tg4 和底界面 Tg5 均存在底面剥蚀削减、顶面超覆的现象(图 2-2)，为区域不整合面，属于Ⅰ型层序界面。根据测井资料，在志留系顶底界面上可清晰地识别出自然电位和自然伽马曲线上台阶状突变，在志留系中有 3 个典型反射层——Tg4°、Tg4′、Tg4″，对应依木干他乌组、塔塔埃尔塔格组和柯坪塔格组上段的底界。

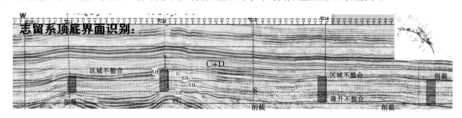

图 2-2　塔里木盆地志留系顶底界面识别地震剖面图

本次研究提出，对志留系划分出 3 个长期旋回，对应的是该层有 4 个层序界面。其中层序界面 1、4 是志留系顶底界面的分界线(图 2-3)，具有典型的不整合特征。

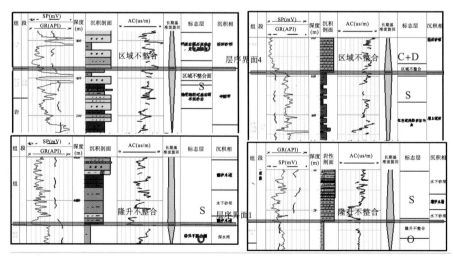

塔中 11 井区　　　　　　　　　　　塔中 12 井区

图 2-3　塔中 11 井区、12 井区志留系地层及沉积综合柱状图

层序界面 1 位于志留系柯坪塔格组上段与下覆奥陶系桑塔木组的接触面上，地震资料上可明显看出柯坪塔格组上段底部有明显的削截，隆升不整合现象。测井资料上显示，自然电位和自然伽马曲线急剧减小，声波时差值也由 $75\mu s/m$ 减小至 $55\mu s/m$，其岩性由泥岩转为砂岩(图 2-3)。层序界面 4 位于志留系依木干他乌组顶部，与上覆石炭系巴楚组呈区域不整合接触。地震资料上有明显的区域不整合现象；测井资料中，自然电位和自然伽马数值较小，其声波时差值由 $65\mu s/m$ 增大至 $77\mu s/m$。

位于第一层序界面之上的包括柯坪塔格组上段上三亚段和上二亚段的地层为第一层序，该层序测井组合表现为退积沉积类型，其岩性由上三亚段的砂岩到上二亚段的暗色泥岩。其中，砂岩单层厚度减薄，泥岩厚度加大，砂泥比值降低。粒度总体上而言，由下至上变细，自然电位和自然伽马曲线呈箱型、漏斗形，颜色也是由浅变深。

层序界面 2 位于志留系柯坪塔格组上段上二亚段与上一亚段的接触面上，发育局部的不整合，其上第二层序包括上一亚段和红色泥岩段的地层。在地震剖面上可追踪，该层序测井组合与第一层序测井组合不相同，表现为加积沉积类型，说明其沉积速率基本等于可容空间变化速率。其中，砂、泥岩沉积厚度和砂泥比值几乎没有明显的变化，岩性组合为频繁的沙泥互层，其自然电位曲线形态有良好的相似性(图 2-4)。相较于塔中

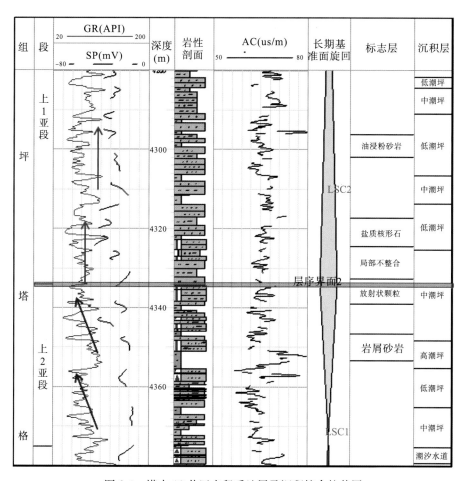

图 2-4 塔中 12 井区志留系地层及沉积综合柱状图

12 井，塔中 11 井上二亚段顶部缺失退积准层序组（图 2-5），这表明塔中 11 井形成古地貌背景比较高，该准层序组不发育。

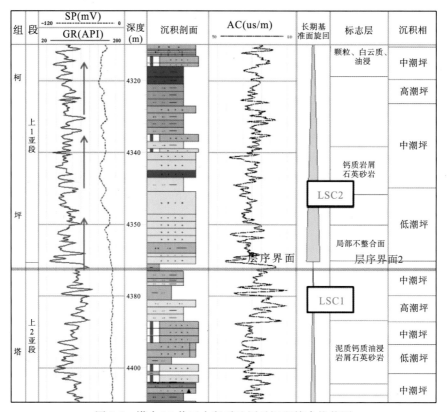

图 2-5 塔中 11 井区志留系地层及沉积综合柱状图

二、上二亚段顶部存在的层序界面为氧化界面

该界面以前的划分存在较大争议（表 2-1）。

（一）界面上下在岩石学特征、流体产状上存在明显差异

对碎屑颗粒沉积来讲，分选磨圆、刚性颗粒含量等岩石学特征及储集空间中流体的赋存产状不同，均反映水动力的变化和层序界面的形成。塔中 A 井上二亚段与上一亚段在颗粒的磨圆度、石英含量及油质状态均存在明显差异（图 2-6）。

（二）界面为氧化性质

层序界面按性质可定义为区域不整合、构造隆升不整合、沉积相转换面，野外地质调查更多是探究其风化产物的存在，真正在薄片微观特征的识别还难见相应的研究成果。本文证明其为氧化界面证据如下：

1. 黄铁矿的褐铁矿化

志留系剖面中，无论是宏观还是微观均见大量黄铁矿，且有黄铁矿的褐铁矿化。首次提出将其作为界面标志，见如下反应式，明显有氧的加入。

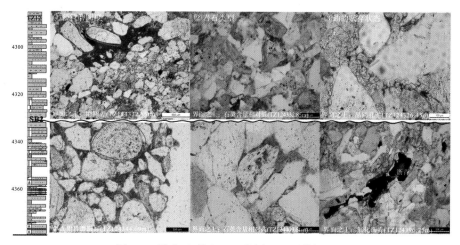

图 2-6　塔中 A 井上二亚段界面上下特征差异

$$2FeS + 3O_2 \Longrightarrow 2Fe_2O_3 + 2S$$

具体识别方法：

方法一：薄片下形态——立方体型及反光下的泛红的金属光泽

在镜下观察，氧化界面处薄片中的黄铁矿发生褐铁矿化的现象，且保留了原始的黄铁矿的立方体晶型，红褐色，反光下呈现金属光泽。在塔中 12 井、塔中 117 井等井上三亚段深度的样品上，均出现了金属反光和黄铁矿褐铁矿化产生的褐红色同时保留了黄铁矿晶型的褐铁矿的现象(图 2-7)。

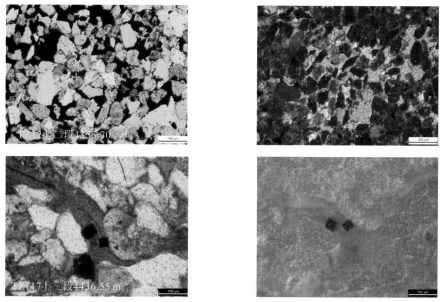

图 2-7　褐铁矿化的黄铁矿镜下不同形态

方法二：扫描电镜实验

对氧化界面处褐铁矿化的黄铁矿薄片进行扫描电镜实验，从图 2-8 中可以看出，Fe 和 O 的含量均比较高，Fe 的含量为 51.25%，O 的含量为 43.72%，而 S 的含量只占其中的 1.67%。

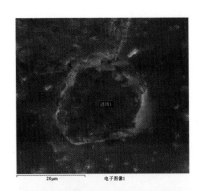

标准样品：

O	SiO2	1 － Jun － 1999	12：00AM
Si	SiO2	1 － Jun － 1999	12：00AM
S	FeS2	1 － Jun － 1999	12：00AM
Fe	Fe	1 － Jun － 1999	12：00AM

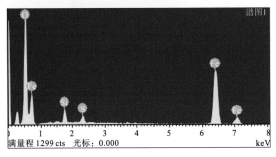

元素	重量(%)	原子(%)
O K	43.72	71.50
Si K	3.36	3.13
S K	1.67	1.37
Fe K	51.25	24.01
总量	100	

图 2-8　塔中 117 井上三亚段样品扫描电镜成果图(井深 4449.32m)

　　为进一步探究 Fe 和 O 的匹配关系，在实验室内用环境扫描仪对其各类元素分布进行定量分析，结果表明 Fe 元素和 O 元素在颗粒范围内匹配程度较好(图 2-9)，说明该 O 元素由颗粒中的其他元素替换而来。

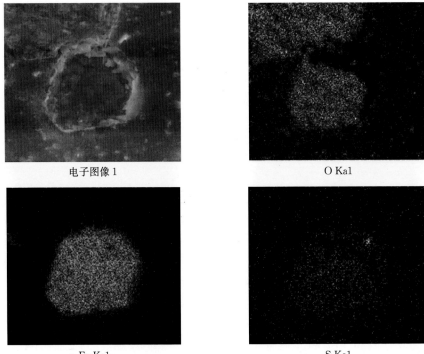

图 2-9　氧化的黄铁矿环境扫描元素分布图

方法三：电子探针－能谱定量分析

在图 2-10 中，分别运用了二次电子成像和背散射电子成像以及 S、Fe 元素的面分析对样品进行了探测分析。可以看出，黄铁矿的立方体晶形中，S 的含量所剩无几。附表为电子探针样品分析结果，其大部分的成分为褐铁矿。

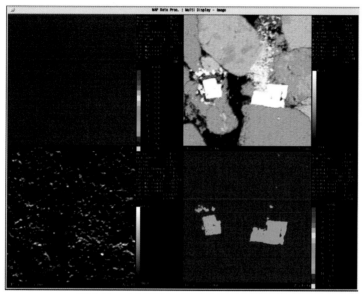

图 2-10 电子探针－能谱定量分析成果图

2. 油质的沥青化

一般来讲油藏中沥青代表的是成熟度较高时期的产物，但是志留系中的沥青（固体沥青）在普通薄片下呈现开裂或收缩缝，地化分析其 Ro 值多在 0.70%～0.90%，反映其为冷演化而非热演化的结果（图 2-11）。

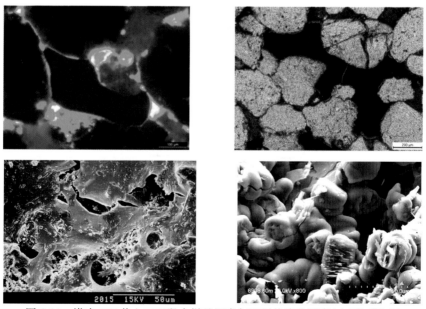

图 2-11 塔中 117 井上三亚段中样品沥青与四川热演化沥青（右下）对比图

3. 胶结物碳氧同位素

碎屑岩胶结物是成岩过程中水介质性质表现的直观反映，通过取碳酸盐胶结物含量较高的样品进行同位素测试，分析结果明显将塔中上三亚段和上二亚段与塔中 161 井区的上一段样品和石炭系样品区分开(图 2-12)，其淡水进入影响明显。

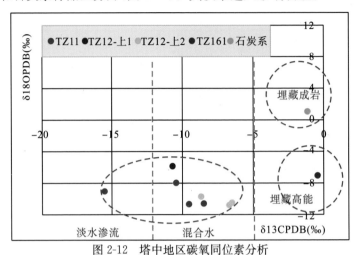

图 2-12　塔中地区碳氧同位素分析

注：TZ11 为塔中 11 井；TZ12-上为塔中 12-上 1 井；TZ12-上 2 为塔中 12-上 2 井；TZ161 为塔中 161 井。

4. 褐铁矿化现象的横向分布

分析对比众多井中氧化黄铁矿对应的深度，在横向上的分布也是可以追踪的(图 2-11)。在所观察的十多口井的薄片中，出现氧化现象明显的共有 4 口井，分别是塔中 11 井、塔中 111 井、塔中 117 井和塔中 12 井。总结其氧化深度，在横向上的分布如图 2-13 所示。黄铁矿的氧化现象说明该地曾发生过构造抬升，部分地段被抬升至较浅处，遭受氧化，从而导致黄铁矿发生褐铁矿化现象。

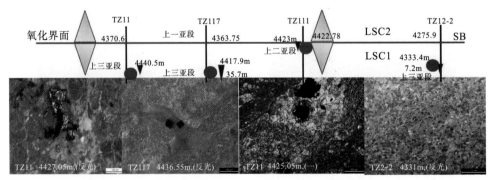

图 2-13　塔中 11 井—塔中 12-2 井一线氧化黄铁矿横向分布

注：TZ11 为塔中 11 井；TZ117 为塔中 117 井；TZ111 为塔中 111 井；TZ12-2 为塔中 12-2 井。

5. 该界面上下测井特征

该层序测井组合与第一层序测井组合不相同，表现为加积沉积类型，说明其沉积速率基本等于可容空间变化速率，其中砂、泥岩沉积厚度和砂泥比值几乎没有明显的变化，岩性组合为频繁的沙泥互层，其自然电位曲线形态有良好的相似性(图2-4)。相较于塔中12井，塔中11井上二亚段顶部缺失退积准层序组，这表明塔中11井形成古地貌背景比较高，该准层序组不发育。

三、上一亚段顶部为最大海泛面

上一亚段和红色泥岩段的接触带上，多口井中发现了鲕粒层(白云质鲕)，这是最大海泛面的标志层，在地震剖面上表现为空白反射或一系列平行－亚平行、中－差连续性、中－弱振幅反射(图2-14)。该鲕粒层在横向上的分布(图2-15)表明红色泥岩段为第二层序的高位、相对高潮坪沉积，其沉积速率达到最高。当然，前人也有将此鲕粒称为渗流鲕，反映暴露的标志，若为暴露标志，应该有形成此的通道，或其他暴露标志。仔细的镜下观察发现该鲕粒层中可见云质放射性鲕、同圈层鲕，鲕粒层中干净，反映强水动力条件下反复淘洗的潮坪环境产物。

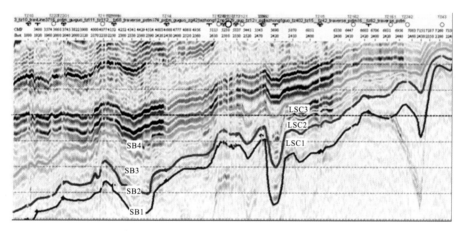

图2-14 塔中10井—塔中15井一线志留系地震层序界面追踪

图2-15 塔中地区上一亚段中鲕粒层的横向分布
注：TZ11为塔中11井；TZ117为塔中117井；TZ122为塔中122井。

四、其他界面的识别

层序界面3位于红色泥岩段与砂泥岩段的接触带上，在沉积相上表现为潮上带向潮间带的一个明显的沉积转换面，沉积相由潮上泥岸转为低潮坪，测井组合上由低幅平直曲线变化为中高幅箱状；岩石组合在界面之上为钙质胶结的沙泥组合，界面之下为泥质岩，泥基胶结(图2-16)。

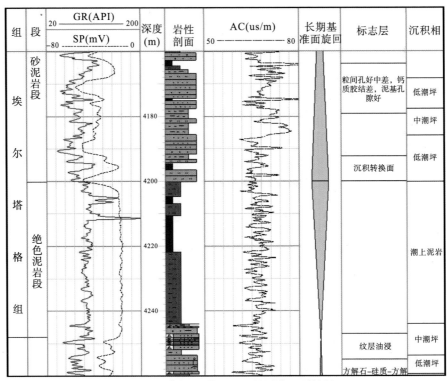

图 2-16　塔中 12 井界面 3 的测井识别特征

第三节　井控旋回法则

依据地层颜色、岩性组合、测井组合、沉积相和地震反射特征，将塔中志留系划分为 3 个长期旋回，从下至上分别为 LSC1、LSC2 和 LSC3，对应的 4 个层序界面分别为 SB1、SB2、SB3 和 SB4。其中层序界面 SB1、SB4 是志留系顶、底界面的分界线（图 2-17）。

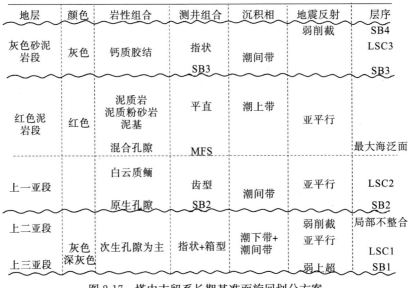

图 2-17　塔中志留系长期基准面旋回划分方案

一、LSC1 旋回

LSC1 层序大致对应上三亚段和上二亚段，主要为灰色、深灰色砂岩地层，孔隙主要以次生孔隙为主，在测井曲线上为指状和箱状，主要沉积环境为潮下及潮间带，在地震上，其下界面表现为弱上超，上界面表现为弱削截，表现为局部不整合。

二、LSC2 旋回

LSC2 层序大致对应上一亚段和红色泥岩段，主要为红色、灰色砂泥岩互层组合，下部储层段孔隙主要以原生孔隙为主，在测井曲线上为齿状，主要沉积环境为潮间和潮上带，在地震上，其下界面表现为没有明显的上超和削截现象，层序内部表现为亚平行结构。红色泥岩段的结束表征即将进入新的沉积序列。

三、LSC3 旋回

LSC3 层序大致对应灰色泥岩段，主要为灰色砂泥岩互层地层，在测井曲线上以指状为主，主要沉积环境为潮间带，在地震上，其下界面上超特征不明显，上界面表现为弱削截，表现为局部不整合。

志留系的顶底界面，在井震资料上可追踪、可识别。根据地震反射终止关系和地震反射波组特征，可以很明显地将志留系的顶底界面识别，具体体现为地层界面的不整合，其顶界面 Tg4 和底界面 Tg5 均存在底面剥蚀削减、顶面超覆的现象(图 2-14)，为区域不整合面，属于 I 型层序界面。根据测井资料，在志留系顶底界面上可清晰地识别出自然电位和自然伽马曲线上台阶状突变，在志留系中有 3 个典型反射层——Tg4°、Tg4′、Tg4″，对应依木干他乌组、塔塔埃尔塔格组和柯坪塔格组上段的底界(图 2-18)。

系	统	阶	组	段		年龄(Ma)	长期旋回
志　留　系	上统	戈斯特阶		缺失		423	LSC3
		侯默阶	依木干他乌组	上泥岩段		426	
				砂泥岩段			
	中统	申伍德阶	塔塔埃尔塔格组	红色泥岩段		428	LSC2
	下统	特列奇阶	柯坪塔格组	上段	上一段	436	
					上二段		LSC1
		埃隆阶			上三段	439	
				中段	缺失		

图 2-18　塔中志留系地层及层序划分方案

以塔中 12 井为例，对塔中地区志留系的 3 个长期基准旋回格架进行了细致的描述 (图 2-18)，通过以上依据重新厘定和核实了塔中 11 井区—塔中 12 井区—塔中 16 井区 63

口井的分层，建立了以长期旋回为单元的等时地层格架。

建立该地层格架具有如下意义：(1)处于长期基准面旋回上升到下降期为主的位置段，为有利的储集层段；(2)处于长期基准面旋回下降期顶部的上二亚段中砂坝砂体的溶蚀孔隙是有利的勘探目标。

在塔中地区志留系长期旋回格架基础上，将柯坪塔格组上段上三亚段和上二亚段(LSC1)潮坪环境地层中，依据其地层的颜色、粒度、厚度以及砂体的延伸范围等建立了塔中 12 井区 5 个中期旋回格架。从下至上分别为 MSC1、MSC2、MSC3、MSC4 和MSC5。现以塔中 A 井(图 2-19)为例对这 5 个中期旋回加以描述。

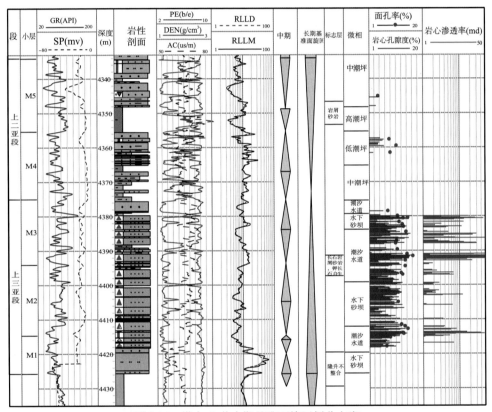

图 2-19　塔中 A 井中期基准面旋回划分方案

（一）MSC1

中期旋回 MSC1 表现为强加积堆积单元。这段时间内海平面保持相对的稳定，无明显的构造沉降，其可容空间也保持不变，即海水不断加深至最大海泛面附近，海水深度变化不大，但其水动力较强，物源充足，沉积物供给速率慢慢变大，出现了大量的频繁的砂泥互层沉积，且其中砂层的厚度是呈不断增大的趋势的，该层总体厚度约 17m。

（二）MSC2

中期旋回 MSC2 表现为持续加积堆积单元。与 MSC1 的沉积环境差异不大，海平面保持相对的稳定，无构造的沉降和可容空间的变化，水动力较强，物源充足。该段时期内沉积物供给的速率达到最大，之后保持这种供给速率慢慢沉积下来，形成砂泥互层，其中砂层的厚度几乎稳定不变，其总体厚度为19m。

（三）MSC3

中期旋回 MSC3 表现为弱加积堆积单元。依旧为加积型准层序类型，该段时期内，其他环境沉积环境保持不变，沉积物的供给速率慢慢变小，其岩性组合依然是砂泥互层，该段的砂层厚度呈慢慢减小的趋势，该层总体厚度为15m。

（四）MSC4

中期旋回 MSC4 表现为弱退积堆积单元。该段时期内海平面慢慢升高，无明显的构造沉降，其可容空间相应的慢慢增大。总体而言，其沉积速率较可容空间地成长速率较小。海水不断加深，海侵范围慢慢扩大，由海不断向陆超覆，该层岩性由下至上砂体单层厚度减薄，泥岩厚度增加，砂泥比值降低，其颜色向上变深。在塔中 12 井中厚度为 20m。

（五）MSC5

中期旋回 MSC5 表现为持续退积堆积单元。与 MSC4 相比，均表现为退积堆积，但其可容空间增长速率持续增长，其岩性由下至上总体变细，颜色变深，该段厚度约32m。

塔中 12 井 5 个中期旋回总体厚度为 92m，其堆积方式总体受潮汐的影响。海平面受全球海平面的变化控制，在 MSC3 顶部、MSC4 底部为 LSC1 长期旋回最大海泛面。无论是上三亚段的底或者上二亚段的顶，均表现为海平面较低。

第四节 层序地层格架

在全区 70 余口井、12 条区域 2d 地震测线解释基础上，依据精细井震标定（图 2-20、图 2-21），建立了塔中志留系长期旋回层序的井震格架（图 2-22）。

本地层格架充分体现了宏观与微观相结合的层序地层研究方法，研究结果表明：

——塔中地区志留系柯坪塔格组上三亚段和上二亚段中的黄铁矿发生了褐铁矿化作用，并且这种氧化现象呈带呈片出现，在横向上具有可追踪性；

——塔中地区柯坪塔格组上三亚段中具有收缩缝的沥青是早期生成的成熟度较低的气在运移至构造高部位过程中遭受氧化作用而形成的；

——塔中地区柯坪塔格组上三亚段和上二亚段受淡水影响严重，其碳酸盐胶结物主要是在淡水或混合水环境中形成的，而上一亚段和石炭系中碳酸盐胶结物主要是在海水环境中形成的；

——这些微观证据相互印证了该区在上二亚段沉积后至上一亚段沉积前海平面相对下降，形成了上二亚段顶界的不整合面。

该格架的建立对该区层序的划分及后期油气勘探具有重要意义。

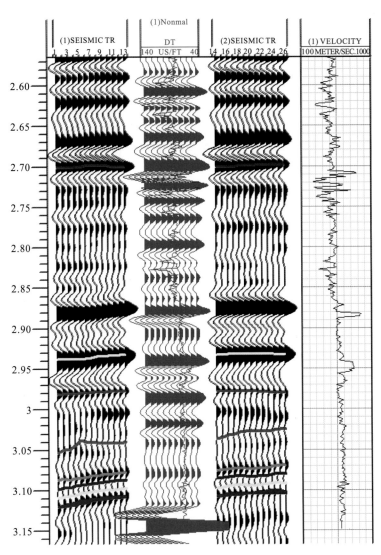

图 2-20　塔中 A1-1 井合成地震记录

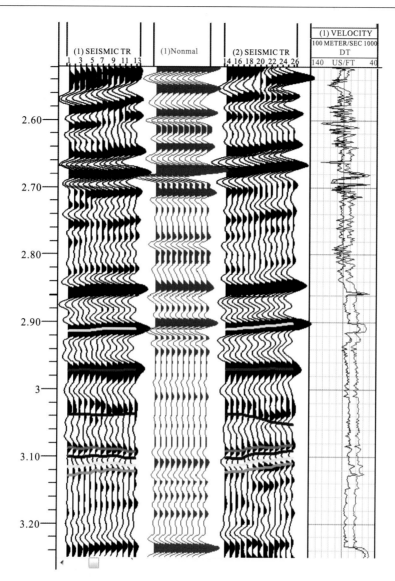

图 2-21 塔中 A2 井合成地震记录

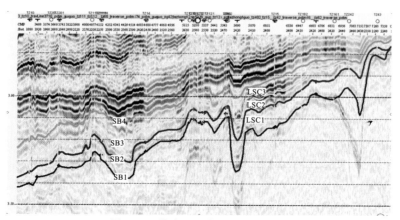

图 2-22 塔中地区志留系井震格架

第三章 塔中沥青砂岩沉积特征

第一节 沉 积 背 景

塔中地区位于塔里木盆地中部的沙漠腹地，构造上隶属于中央隆起带的塔中低隆，西部为巴楚断隆，东部为塔东低隆，北邻满加尔凹陷，南接塘古孜巴斯凹陷。志留系沉积时为稳定的克拉通内坳陷，沉积了一套滨浅海陆源碎屑沉积，总体上呈西薄东厚、南薄北厚的分布特点，在地震反射剖面上显示岩性和厚度分布较为均一，同相轴呈振幅中等偏弱，连续性中等偏低，频率中到高的平行或亚平行的反射特点。由于晚加里东构造运动，塔中地区中上奥陶统泥岩段遭受剥蚀而准平原化，所以地形起伏不大，地势平缓。志留系表现为一种浅水的陆表海沉积特征，主要为细粒沉积物，常见灰色或褐色细砂岩、粉砂岩与灰绿色泥质粉砂岩、绿色粉砂质泥岩或褐色粉砂质泥岩薄层互层，发育潮汐层理、交错层理等滨浅海的沉积构造组合。因此，从背景考虑，塔中志留系主要为潮坪沉积环境，采取如表 3-1 的沉积相划分方案。

表 3-1 塔中志留系沉积相划分方案

相	亚相	微相
海湾		砂坝：泥基、石膏胶结
潮坪	潮上带	蒸发泥坪、泥岸沼泽：红色泥岩
		泥坪(高潮坪)：龟裂泥岩
	潮间带	砂泥混合坪(中潮坪)：泥质条带细砂岩、粉砂岩
		砂坝(低潮坪)：细砂岩
	潮下带	潮汐水道：块状砂岩
		水下砂坪：斜层理细砂岩

第二节 沉积相标志

相标志是指最能反映沉积相的一些标志，它是相分析及岩相古地理研究的基础。沉积环境与沉积相划分标志有许多，如原生沉积结构与沉积构造标志；物质成分标志(岩石类型、矿物成分、地球化学特征)；生物学标志(主要为具有环境指示意义的古生物化石、遗迹化石)；此外还有测井相和地震相等。沉积相的识别不可能依据 1～2 个相标志来确定，这是因为不同沉积微相可能具有相似的某些相标志。研究沉积相，要依靠微相配置、相序、层理的组合、地球化学特征、测井响应及地震反射特征综合考虑，所以沉积相的判识确定是一个综合观察分析的结果。

一、粒度分布分析

粒度分析的目的是研究碎屑岩的粒度大小和粒度分布。碎屑岩的粒度分布及分选性是衡量沉积介质能量的度量尺度,是判别沉积时自然地理环境以及水动力条件的良好标志,而且碎屑岩的粒度及其空间展布也影响了储层的物性。粒度分析不仅有利于分析沉积水动力条件,而且对于沉积储层评价也有意义。

从塔中117井、塔中A-2井、塔中A-1井、塔中16井4口井的粒度分布参数统计(图3-1),可以看出塔中117井上一亚段粒度分布大体在2~3Φ,其峰度较尖,主要分布在3.5Φ,该段主要为细粒砂岩;塔中A-2井上三亚段粒度范围主要在2~3Φ,且其峰度均较平,偏向于2Φ稍粗粒一侧,说明其粒度分布较均匀;塔中A-1井上三亚段上三亚段粒度范围主要在3~4Φ,为极细粒砂岩;塔中16井上一亚段粒度分布表现为双峰,其峰值分别是2Φ和3Φ上,总体表现为细粉砂岩。

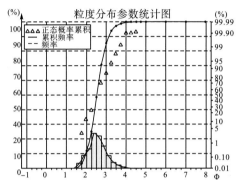

细粒砂岩塔中117井上一亚段(井深4300.69m)

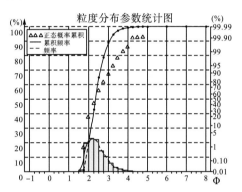

细粒砂岩塔中A-2井上三亚段(井深4331.28m)

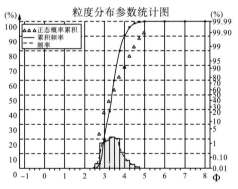

极细粒砂岩塔中A-1井上三亚段(井深4332.38m)

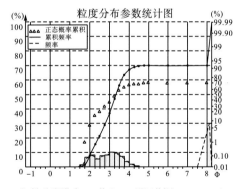

细粉砂岩塔中16井上一亚段(井深4128.04m)

图3-1 塔中志留系粒度分布参数统计图

总体来说,塔中志留系11-16井区由西向东粒度有变细的趋势,塔中16井区粒度分布表现为双峰,表明其受控于两种能量。

具体微相以塔中A-1井为例,潮汐水道中粒度向上变小,含有似层状排列的砾石,羽状层理,其粒度总体分布于2~3Φ,较细粒;水下砂坝中粒度向上变化不大,含有脉状、透镜状、块状、变形构造,粒度范围大体位于3~4Φ,中粒度,较潮汐水道稍细(图3-2)。

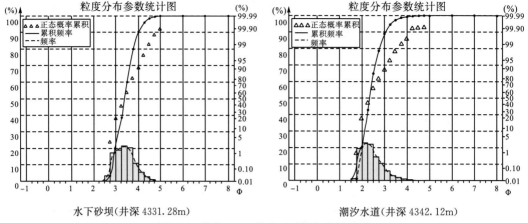

水下砂坝(井深4331.28m)　　　潮汐水道(井深4342.12m)

图 3-2　塔中 A-1 井水下砂坝与潮汐水道

二、岩　性

根据岩石薄片资料及前人对本地区砂岩岩石学特征研究可知,志留系主要有泥岩、粉砂岩、细砂岩和中砂岩 4 种岩性,砂岩以粉细砂岩为主。根据砂岩矿物成分分析可知,主要为岩屑砂岩,其次为少量的长石岩屑砂岩(图 3-3)。据统计,岩屑平均含量 33.50%,主要为变质岩岩屑和岩浆岩岩屑;石英平均含量为 59.90%,长石平均含量为 6.60%,主要为钾长石,其次为斜长石。

胶结物主要有碳酸盐和泥质两种。含碳酸盐较高,平均为 7.10%,以方解石为主。泥质平均含量为 1.90%,主要为高岭石。砂岩致密程度较高,以致密为主,其次为中等;分选较好,磨圆度较差,以棱角、次棱角为主,其次为次圆,颗粒接触关系为点、线接触,胶结类型为加大、孔隙式胶结,长石风化程度浅。

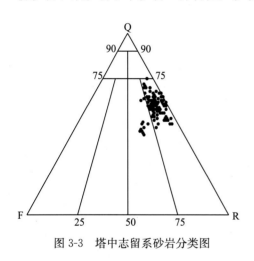

图 3-3　塔中志留系砂岩分类图

三、沉积构造

沉积构造是沉积物和沉积岩中最常见而又最容易直接观察到的主要特征之一。无论是研究沉积岩还是解释沉积环境,都必然涉及到沉积构造。一方面当水流条件相同时,必然形成特征相似的原生沉积构造。据此,可以把它与水动力条件联系起来,最后解释形成这种构造环境的水动力状况,进而做出环境解释。另一方面,原生沉积构造特征很少受成岩作用的影响,而且也便于人们观察研究。因此,利用沉积构造及其序列来判别沉积环境已广泛被人们采用。

经岩心观察分析,塔中志留系砂岩中主要见平行层理、楔形交错层理、板状交错层理、斜层理、沙纹层理、双向交错层理、生物钻孔等沉积构造(图 3-4)。

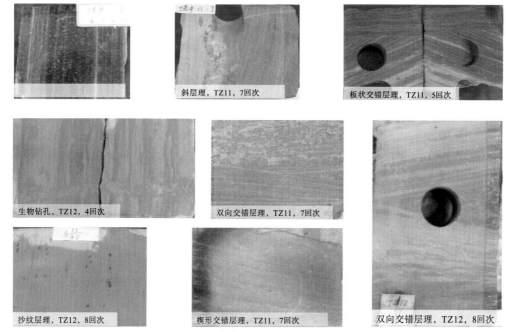

图 3-4　塔中志留系砂岩沉积构造

注：TZ12 为塔中 12 井；TZ11 为塔中 11 井。

平行层理主要产于砂岩中，在外貌上与水平层理极相似，是在较强的水动力条件下，高流态中由平坦的床沙迁移、在床面上连续滚动的沙粒产生粗细分离而显出的水平细层，沿层理面易剥开，在剥开面上可见到剥离线理构造，平行层理一般出现在急流及能量高的环境，如河流、海滩、潮道等环境中，常与大型交错层理、底冲刷相伴生。

楔形交错层理是一种呈楔状的交错层理。它的层系上下界面平直，但层系厚度在小范围内变化很快。各层系内细层的倾向可以同向或不同向。楔形交错层理可能是在异向流动的水动力条件下造成的，例如，在河口湾沙坝沉积及海相障壁浅滩沉积中常见此种层理。它也可能是单向水流造成的，如河流的横沙坝、纵沙坝、斜沙坝在前进途中的彼此叠覆，即可造成此种楔状交错层理。

板状交错层理是一种层系上下界面平直、呈板状、厚度稳定不变或变化不大的交错层理，各层系内的细层倾向常为同向的。这种交错层理由具平直脊的沙浪迁移而成。有大型(层系厚大于 10cm)、中型(层系厚 5~10cm)及小型(层系厚小于 5cm)板状交错层理之分。大、中型板状交错层理常是河流凸岸坝、潮道等环境中的典型层理。

斜层理由一系列倾斜层系重叠组成，层系之间界面较平直。层系由同向倾斜的许多细层重叠组成，细层与层系界面斜交。若相邻层系互相平行，各层系中的细层均向一个方向倾斜，称为单向斜层理。它是当沙浪向一个方向运动时形成的，其细层的倾斜方向指示水流的下游方向，常见于河流沉积及其他流动水的沉积物中。若相邻层系相互交错，各层系中细层的倾斜方向也多变，称为交错层理。

沙纹层理是一种由一系列相互叠置的波状细层组成的小型层理。常见于粉砂泥质或粉砂质沉积物中，常见脉状层理，水动力条件较弱，在潮间带的砂泥混合坪中较常见。

双向交错层理即羽状交错层理，又称人字型交错层理。其特征是在剖面上层系互相重叠，相邻层系中细层倾向相反，呈羽状或人字形，层系间夹有泥质水平薄层。它是在沉积介质具有双向流动的情况下产生的，例如，涨潮流形成的前积层与退潮流形成的前积层交互而成。羽状交错层理一般出现在潮间带下部及潮汐通道中。

生物钻孔本地区砂泥混合沉积层段可见大量的垂直生物钻孔，该沉积段主要为粉砂质泥岩沉积和泥质粉砂岩沉积，钻孔内由砂质充填，钻孔规模较大，纵向上穿越层理面。

鲕粒通常来讲鲕状结构，它是沉积岩的一种结构，由球形或椭球形颗粒组成，颗粒外形、大小像鱼卵。由鲕体与成分相同的胶结物组成，一般粒径小于2mm。形成于动荡的浅水环境。常见于化学沉积岩，例如石灰岩、铁质岩、铝质岩中。但是我们在该套沥青砂岩镜下的观察中，发现了白云质薄皮鲕粒、白云质放射性鲕粒、岩屑石英砂岩中的鲕粒、核形石，尽管数量不多，构不成一种结构，但充分反映出其浅水、强水动力背景(图3-5)。

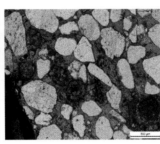

白云质薄皮鲕粒　　　　　　　白云质的放射性鲕粒　　　　　岩屑石英砂岩中鲕粒、核形石

图 3-5　塔中志留系砂岩显微照片下的鲕粒

四、颜　色

颜色是沉积岩最直观、最醒目的标志，其颜色的变化，取决于成分、结构、有机质含量、氧化还原条件及后期的成岩作用。长期以来，沉积岩的颜色是否能反映沉积环境一直存在着争论，但是，沉积岩的颜色仍然具有重要参考价值。影响沉积岩颜色的最主要的因素为有机质和铁质，通常有机质含量增加，岩石颜色变深、变暗。沉积岩中含有机质(如炭质和沥青)、分散状硫化铁(如黄铁矿和白铁矿)，呈暗色，包括灰色和黑色，含量愈高，颜色就愈深。这说明岩石形成于还原环境或强还原环境。通常炭质反映浅水沼泽弱还原环境，沥青质和分散状硫化铁则反映深水或较深的停滞水环境。沉积岩中含有 Fe^{2+} 的矿物(如海绿石、绿泥石和菱铁矿)，呈绿色，反映弱氧化或弱还原环境，但如果富含角闪石、绿帘石、孔雀石等矿物也呈绿色，则不反映沉积环境。沉积岩中含有 Fe^{3+} 矿物(如赤铁矿、褐铁矿)，呈红色或褐黄色，反映氧化或强氧化环境。

通过对志留系上三亚段岩心观察可知，该段泥岩主要为灰色、灰绿色，砂岩主要为灰色、浅灰色、灰白色，反映了还原－弱还原的浅水沉积环境。

五、碳氧稳定同位素分析

根据塔中11-16井区的样品胶结物进行同位素测定(表3-2)，塔中地区柯坪塔格组的 $\delta^{13}C_{PDB}$ 稳定同位素范围-0.4‰～-15.52‰，其中大部分样品位于-6.44‰～10.72‰，氧同位素值为-5.89‰～-10.81‰。塔中16井区 $\delta^{18}C_{PDB}$ 稳定同位素较塔中11井区和塔中12井区略有增加。$\delta^{13}C_{PDB}$ 含量相对于塔中11井区、12井区明显正偏。

表 3-2　塔中地区柯坪塔格组胶结物碳氧同位素测试结果

样品名称	井号成地区	深度(m)	地质年代	$\delta^{13}C_{PDB}$(‰)	$\delta^{12}O_{PDB}$(‰)	工作标准
灰色细砂岩	塔中 12 井	4262.85	上一亚段	−10.72	−5.89	TTB1
灰色细砂岩	塔中 122 井	4357.08	上三亚段	−6.44	−10.48	TTB1
灰色细砂岩	塔中 16 井	4179.53	上一亚段	−0.40	−7.13	TTB1

　　古盐度和古环境的恢复中，碳氧稳定同位素可以作为判别古盐度的有效标志。现代对海水以及淡水、大气降水的研究表明氧稳定同位素 $\delta^{18}C_{PDB}$ 一般与盐度呈线性相关。因此，$\delta^{18}C_{PDB}$ 可以作为判别盐度的重要标志。但是古盐度和古环境的判别中，$\delta^{18}C_{PDB}$ 与盐度的对应并不总是那么一致，而且在古沉积研究中，$\delta^{18}C_{PDB}$ 还与成岩后生作用紧密相关，例如大气降水的淋滤作用会使沉积岩中的稳定同位素与轻同位素发生置换，从而发生正向的大波动。塔中 11~16 井区多个样品中可以看出其平均 $\delta^{18}C_{PDB}$ 的值为 −9.20‰，而塔中 16 井区较其平均值偏正，为 −7.13‰，可以推测其盐度相对较高。

六、石膏的成因

　　成岩过程中，压实作用和胶结作用相互制约，压实作用进行较快时，孔隙度和渗透率的下降制约了层间水的流动，胶结作用就发育不明显；相反，如果胶结作用进行较快时，压实作用就会受阻。塔中 16 井区泥基−硬石膏成岩相区，塔中 161 井上一亚段岩石薄片中(图 3-6)，长石岩屑砂岩，颗粒呈点接触和线接触，长石未溶蚀，表明长石溶蚀并不是钙离子的来源；上一亚段泥基−硬石膏胶结，硬石膏胶结区域内，颗粒悬浮于胶结中，表明其胶结发生于埋藏压实之前。海水蒸发中沉淀的原生硫酸钙矿物是石膏，在 30℃以下，海水含盐度提高 3.5 倍时石膏就开始沉淀，在 42℃以上温度或浓度很大时，石膏的沉淀就为硬石膏所代替。在成岩阶段，石膏往往向硬石膏转变，硬石膏是成岩阶段早期成岩作用的产物，硬石膏转化为石膏需要排除水，体积减小 38％，需要不断地浓缩咸化卤水对体积缩减的石膏−硬石膏转化进行补充。卤水再进一步浓缩，才会有碳酸盐沉淀，而镜下少见碳酸盐胶结，考虑到成岩作用后期如果发生流体淋滤改造，石膏会比较迅速地溶解，可以推测形成于成岩阶段早期，卤水浓缩并未达到沉淀碳酸盐沉淀的条件，表明其蒸发沉积的水体虽然进一步咸化，但是依然有水体注入，不断对其进行流体补充，从而维持了其中石膏−硬石膏沉积的"动态平衡"条件。这充分说明其形成的沉积环境为盐度高、相对闭塞的沉积环境。

图 3-6　纹层状粉砂质中粒岩屑石英砂岩中石膏产状

第三节　沉积相特征

通过以上沉积相标志的识别，分析认为塔中志留系地层属于滨浅海的潮坪沉积环境。潮坪又称潮滩，发育在具明显潮汐周期而无强烈风浪作用的平缓倾斜的海岸地区，如在障壁岛内侧泻湖沿岸。在具备上述条件的砂坝内侧，河口湾及海湾地带亦可发育潮坪环境。不同学者对潮坪沉积环境的划分略有差异。潮坪一般可分出潮上带、潮间带和潮下带。构成潮坪的主要部分是潮间带（也称潮间坪），因为潮坪地形坡度极为平缓，潮坪上潮汐水位升降的幅度（即潮差）一般为 2～3m，最大可达 10～15m。故在平面上可出现相当宽阔的潮间带。坦卡德等（1977）将潮坪划分为浅的潮下带、低潮坪、中潮坪、高潮泥坪及潮上坪；克莱因等（1970）将潮坪划分为潮下浅水砂体、低潮砂坪（或潮间砂坝）及高潮坪；James W. Castle 等（1998）将潮坪划分为退潮三角洲、潮汐水道、浅水潮下、潮间带及潮上带。本次将潮坪划分为 3 个带即潮下带、潮间带和潮上带。根据岩性组合特征又将潮下带划分为水下砂坝、潮汐水道；潮间带又划分出砂坪（低潮坪）、砂泥混合坪（中潮坪）、泥坪（高潮坪）；潮上带主要为蒸发泥坪（表 3-3）。相模式图见图 3-7。

表 3-3　塔中地区潮坪沉积环境划分表

相	亚相	微相	地层层位
海湾		砂坝、湖相泥	塔中 161 井区、塔中 16 井区
潮坪	潮上带	蒸发泥坪、泥岸沼泽	棕红色泥岩段
	潮间带	泥坪（高潮坪）：龟裂泥岩	上一亚段、上二亚段
		砂泥混合坪（中潮坪）：潮沟等	
		砂坪（低潮坪）：小型潮沟、水道、砂坝、潮汐三角洲等	上一亚段、上二亚段、上三亚段
		潮汐水道	
	潮下带	水下砂坝	上一亚段、上三亚段
		潮汐三角洲	

岩性	沉积构造	沉积环境
红褐色泥岩	结核	潮上坪
红褐色、褐色泥岩	水平及波状粉砂岩砂纹层	高潮泥坪
泥岩和石英砂岩互层	干裂纹、交错纹层，波状层理	中潮坪
石英砂岩	平行层理、流动卷痕、波痕及交错层理，人字形构造、再作用面	低潮坪
	大型交错层理、块状砂岩、槽渠、人字形构造、再作用面	浅的潮下带

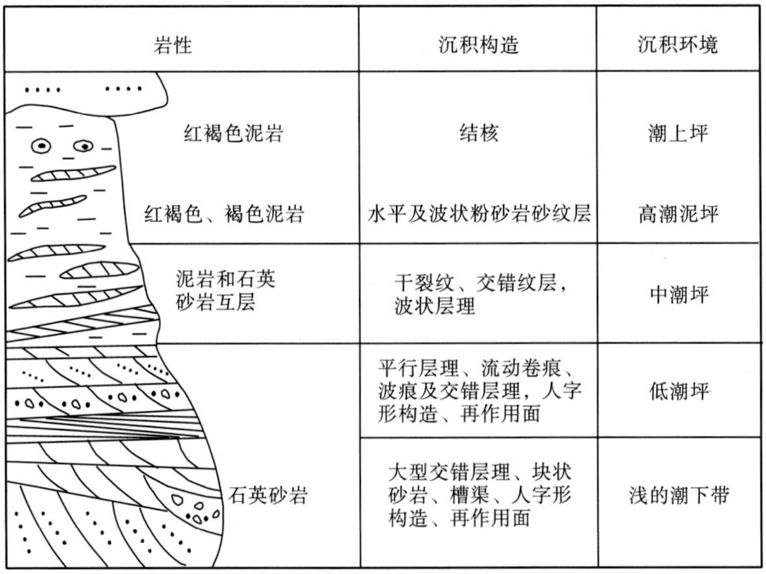

图 3-7　塔中志留系潮坪沉积模式图

一、潮下带

潮下带位于平均低潮线与浪基面之间的海岸带，沉积的环境以潮汐水道为主。

潮汐水道的垂向建造特征与陆相曲流河的建造十分相似，具备 3 层结构：下部为水道滞流沉积，以灰色砂砾岩及含砾粗砂岩为主。底部有水道不规则冲刷面；中部为大型槽状交错层理粗中砂岩至细砂岩；上部以粉砂岩及灰绿色泥岩为主。岩矿成分上部以岩屑砂岩为主下部以石英砂岩为主，石英含量 65%～85%，长石含量＜10%，岩屑含量 10%～30%。度概率曲线为三段型，即滚动组分、跳跃组分和悬浮组分，以跳跃组分为主，占 80% 以上，次为滚动组分。因此，潮汐水道微相在测井上有明显的响应特征：自然伽马和电阻率曲线表现为明显的向上变大的齿化钟型。

二、潮间带

潮间带依水体能量和沉积物类型又可分出砂坪（低潮坪）、砂泥混合坪（中潮坪）、泥坪（高潮坪）。各带特征如下：

（一）砂坪（低潮坪）

砂坪是在低潮线附近，潮汐水体能量高，以砂质沉积为主，也称低潮坪。

砂坪有一半以上时间淹没于水下。可以识别出两种微相，一是低潮带潮汐水道，一是水下砂坝。

低潮带潮汐水道的沉积建造有二元或三元结构，即有的发育下部以泥砾为主的水道滞流沉积及不规则水道冲刷面；有的不发育水道滞流沉积，下部为相对平整的再作用面。岩性以浅灰色细砂岩及粉砂岩为主，顶部多缺失薄层状灰绿色泥岩。底部泥砾呈双向排列，低角度冲刷层理发育。岩石成分以岩屑砂岩为主。粒度概率曲线以二段型为主，即跳跃组分和悬浮组分，其中跳跃组分占 80%～90%。低潮带潮汐水道微相在测井上的响应特征与潮下带潮汐水道微相相似：自然伽马和电阻率曲线表现为明显的向上变大的齿化钟型。

低潮带潮汐水道与潮下带潮汐水道区别为：潮下带潮汐水道岩性以中粗砂岩为主，底面为不规则冲刷面，以水道之三元结构为主，岩性以石英砂为主。粒度分析特征为三段式。沉积构造为单向排列的大型槽状交错层理，水道规模较大；低潮带潮汐水道以细、粉砂岩为主，底面为不规则冲刷面和平整面两种，水道有三元、二元结构，岩性可为岩屑砂岩，粒度分析为二段型，砾岩成分以泥砾为主，双向排列，低角度冲刷层理（表 3-4）。

表 3-4 潮下带水道与低潮带水道的沉积特征区别

微相 \ 沉积特征	岩性	岩石成分	沉积构造	粒度曲线特征	水道作用面
潮下带水道	石英岩砾，中、粗砂岩	石英砂岩岩屑砂岩	单向砾石排列，大型槽状交错层理	三段型，滚动、跳跃、悬浮	不规则冲刷面
低潮带水道	泥砾，细粉砂岩	石英砂岩	双向泥砾排列，低角度冲刷层理	二段型，跳跃、滚动	不规则冲刷面和平整面

水下砂坝所占比例较少。沉积建造为向上变粗的沉积层序。下部以泥质粉砂岩为主；上部以低角度交错层理粉砂岩及细砂岩为主。水下砂坝微相在测井上的响应特征为：自然伽马和电阻率曲线表现为齿化箱型或漏斗型。

（二）砂泥混合坪（中潮坪）

中潮坪介于高潮线附近及低潮线附近地带，能量中等，砂泥混合沉积。岩性以粉砂岩、泥岩为主，含有少量泥砾岩、细砂岩，泥砾岩呈双向排列，沉积构造以脉状层理、变形层理及风暴作用层理为主，岩石以岩屑砂岩为主。随着水体加深，底负载荷与悬浮载荷的沉积难分主次，形成一系列具潮汐韵律的透镜状－波状－脉状层理。粒度概率曲线以三段型为主。砂泥混合坪微相在测井上的响应特征表现为：自然伽马和电阻率曲线呈锯齿状，自然伽马和电阻率平均值高于砂坪。

（三）泥坪（高潮坪）

仅在高潮时才被淹没在水下，并停积悬浮的粉砂岩、泥岩为主。沉积构造上部为水平纹理、波状水平纹理；下部为透镜状层理。有垂向生物潜穴及泥裂。在测井上表现为自然伽马明显偏高（平均一般 95－105API），曲线呈微型锯齿状。

三、潮上带

潮上带是指位于平均高潮线与特大潮水线之间的区域。正常潮汐作用下不能到达，但在大潮或风暴潮时，海水可以淹没。宽度很大，可达数十至数百公里，表面较平坦。沉积物主要是细粒物质和一些生物碎屑，如藻类、有孔虫、介形虫、软体动物和植物根等。沉积物具薄层纹状层理。因常露出水面，故沉积物表面常发生泥裂（或干裂），是未固结的沉积物在风吹日晒作用下脱水收缩情况下形成的；又因水浅，蒸发作用强，含盐度较高，在沉积物表面常产生白云石、石膏、盐等蒸发物。在测井上表现为自然伽马明显偏高（平均一般 95～105API），曲线呈平直形。

四、塔中 12 井区与塔中 16 井区沉积相对比

塔中 12 井区以细砂岩夹少量粉砂为主，粒度较 16 井区粗，测井组合上表现为指型和齿状箱型、漏斗型为主，水动力条件较强。

在塔中 16 井区中发现有石膏胶结（图 3-8），纹层状砂质中粒岩屑石英砂岩，其中泥基－硬石膏成岩相区约占 4%。

塔中 16 井区上二亚段上三亚段为细砂岩、粉细砂岩互层，粒度分布曲线表现为双峰，说明其受控于两种能量。测井组合为齿状箱型，反映其砂体互层稳定发育。碎屑岩类型为岩屑砂岩，泥基－方解石成岩相区（7%），泥基－硬石膏成岩相区（4%），面孔率＜1%，石膏胶结，而未溶蚀。这说明其形成于盐度高、相对闭塞的沉积环境。

总体而言，塔中地区志留系砂体薄、砂层多，多期交叠分布。通过对塔中 12 井区和塔中 16 井区岩心的观察及取样，分析认为，塔中 16 井区与塔中 12 井区存在相变。向西塔中 12 井区变为主要受潮汐作用控制的潮坪沉积，水动力条件较强，水体较塔中 16 井区更为活跃，处于潮下带至潮间带的浅水区域，由于波浪和潮汐对海底沉积物搅动，并

充分地筛选，因此沉积物较粗，分选及磨圆度均较高；塔中 16 井区砂体细、沉积环境盐度高、粒度表现为双众数，为相对闭塞的海湾沉积，沉积砂体表现为南东－北西向。塔中 12 井区上三段：砂层厚／砂层数／砂地比为 40％～80％，一般三角洲沉积环境：30％～50％。潮汐水道中主要是中－细砂夹粉砂岩；含多种成分砾石，多见泥砾；斜层理、羽状构造、变形构造；测井组合为箱型，钟型。而水下沙坝的岩性以细砂与粉砂岩为主；见砾石呈条带状分布，泥质纹层；微斜层理、羽状构造；测井组合为指型，漏斗型。塔中 16 井区处于相对闭塞的沉积环境，波浪作用较弱，水体较深水动力条件较弱，沉积物较细，为台地边缘的滩间海到滩坝复合相的过渡，物性变差。沉积砂体展布方向表现为近南北向。沉积背景包括了低隆、坡缓、无障、潮控；而主要储集体则是砂坝(坪)、潮汐水道。

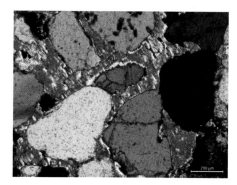

图 3-8　塔中 16 井区井薄片中石膏胶结

第四节　测井相特征

测井相，又称电相，是指表征沉积物特征，并据此判别沉积相的一组测井响应。测井响应与沉积环境和沉积物特征之间有着密切的关系，不同的沉积相，其岩性组合不同，表现出来的测井曲线特征也不同。

测井相是由法国地质学家 O. Sera 于 1979 年提出来的，其目的在于利用测井资料来评价或解释沉积相。其基本原理就是从一组能反映地层特征的测井响应中，提取测井曲线的变化特征，包括幅度特征、形态特征等以及其他测井解释结论(如沉积构造、古水流方向等)，将地层剖面划分为有限个测井相，用岩心分析等地质资料对这些测井相进行刻度，用数学方法及知识推理确定各个测井相到地质相的映射转换关系，最终达到利用测井资料来描述、研究地层的沉积相。它是研究地层沉积相的一种间接方法，依赖于测井资料可以解释某些地质相的标志，例如岩石组合、沉积构造、垂向序列变化关系等等，由此建立测井相和地质相之间的相关关系。通常使用的测井相分析方法有两种：(1)根据测井曲线的形态特征进行相分析；(2)根据测井曲线的定量特征与岩性的关系进行相分析。本次研究根据现有资料，采用第一种方法，利用自然伽马曲线形态特征来进行分析(分析时参考密度曲线和声波曲线)。

不同的沉积环境下，由于物源情况不同、水动力条件不同及水深不同，必然造成沉积物组合形式和层序特征(正旋回、反旋回、块状)的不同，反映在测井曲线上就是不同的测井曲线形态。根据塔中志留系区域沉积特征，在钻井取心的精细描述和沉积相划分的基础上，对工区内 9 口取心井的自然伽马曲线特征进行分类统计，按照取心层段砂体对应的自然伽马曲线形态特征以及砂泥岩界面处自然伽马曲线的变化特征，划分出了 5 种测井相类型，各类测井相特征描述如下：

钟形(图 3-9)：自然伽马曲线呈钟形，岩性具正粒序结构，底部与泥岩呈突变接触关系，一般对应底冲刷，顶部与泥岩渐变接触，反映了逐渐变弱的水动力特征。其对应的沉积微相主要为潮下带潮汐水道、水下砂坝和潮间带砂坪、潮道。

锯齿状箱形(图 3-10)：曲线呈锯齿状，顶、底均与泥岩呈突变接触，岩性为中砂岩－粉砂岩，砂体中夹层较多。反映了水动力条件强但不稳定，强弱频繁交替的特征，对应的沉积微相为潮间带砂坪。

光滑箱形(图 3-11)：曲线光滑或微齿化，顶、底均与泥岩呈突变接触关系。岩性中－细粒砂岩为主，岩性较单一，无粉砂或泥质夹层。反映了强而稳定的水动力特征。其对应的沉积微相为潮间带的低潮坪水道。

指形(图 3-12)：自然伽马曲线呈细指状。岩性为细－中砂岩，厚度一般小于 2m，与上下泥岩突变接触。代表的沉积微相为潮间带中潮坪潮沟。

钟形＋箱形＋漏斗形组合(图 3-13)：曲线底部呈漏斗形，中部为箱形或齿化箱形，上部为钟形。代表的微相为潮下带水下砂坝。

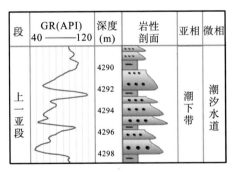

图 3-9　塔中 A 井钟形及对应沉积微相 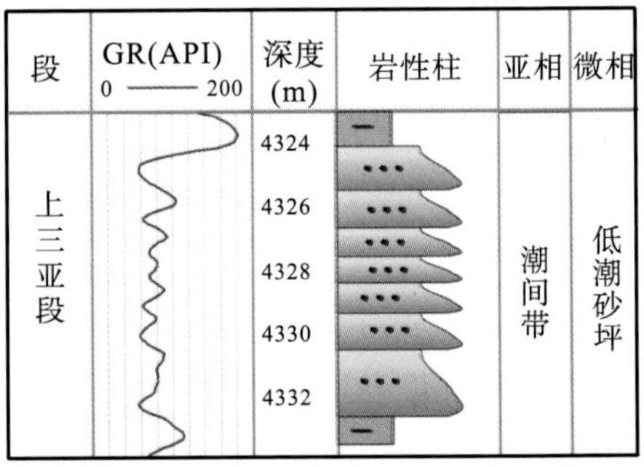　　　　图 3-10　塔中 A－2 井齿化箱形及对应沉积微相

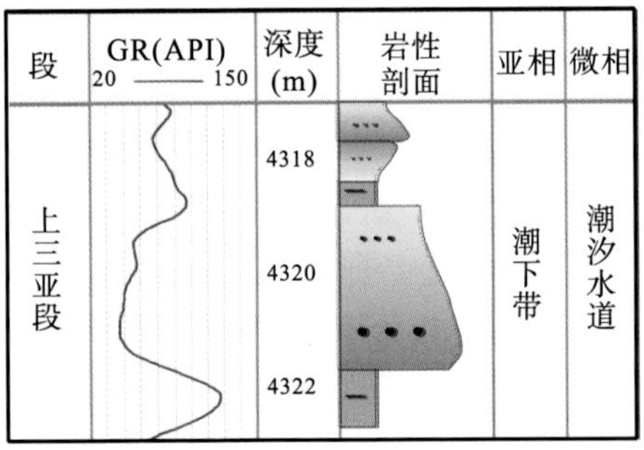

图 3-11　塔中 A 井光滑箱形及对应沉积微相 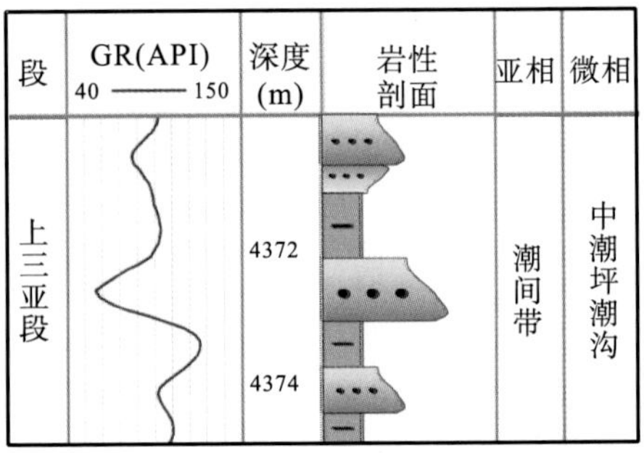　　　图 3-12　塔中 A 井指形及对应沉积微相

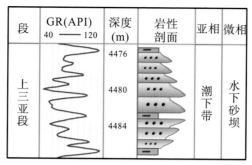

图 3-13　塔中 11 井钟形＋箱形＋漏斗形及对应沉积微相

第五节　相演化及分布特点

一、单井相划分

　　单井相分析柱状图主要反映砂层的定相标志，确定相类型和在纵向上的相序以及选定指相测井曲线。通过对取心井的岩心进行细致的观察描述，结合地化分析、薄片分析鉴定和测井相分析，建立起各井单井相分析柱状图（图 3-14）。单井相分析的可靠程度直接影响着相分析的最终结果。

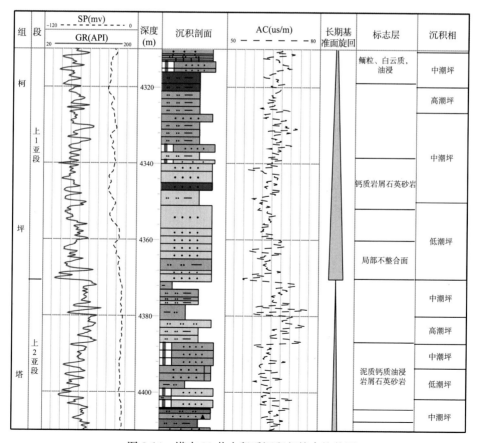

图 3-14　塔中 11 井志留系沉积相综合柱状图

二、连井剖面相演化

（一）塔中 10 井－塔中 20 井－塔中 11 井－塔中 14 井－塔中 22 井－塔中 825 井剖面

上三亚段：下部为潮下带沉积，自西向东较稳定分布，上部工区西面潮间带砂坪较为发育，向东逐渐尖灭，到塔中 825 井完全尖灭。上二亚段：主要为潮间带上潮坪泥坪沉积，在工区东部发育潮间带砂坪沉积。上二亚段：下部主要发育潮间带下潮坪砂坪沉积，中、上部为潮间带中潮混合坪沉积，部分井上部发育水道沉积。红色泥岩段：为稳定分布的潮上带潮上泥岸沉积(图 3-15)。

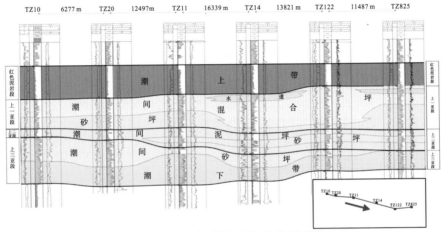

图 3-15　近东西向沉积相连井剖面

注：TZ10 为塔中 10 井；TZ20 为塔中 20 井；TZ11 为塔中 11 井；TZ14 为塔中 14 井；TZ122 为塔中 122 井；TZ825 为塔中。

（二）ZG601－塔中 824 井－塔中 825 井－塔中 71 井－塔中 73 井－塔中 70 井剖面

上三亚段：工区北西向为潮下带沉积，南东向为潮间带朝下砂坪沉积。上二亚段：主要为潮间带上潮坪泥坪沉积，在工区西北面发育潮间带砂坪沉积。上二亚段：下部主要发育潮间带下潮坪砂坪沉积，中、上部为潮间带中潮混合坪沉积，部分井上部发育朝下砂坪。红色泥岩段：为稳定分布的潮上带潮上泥岸沉积(图 3-16)。

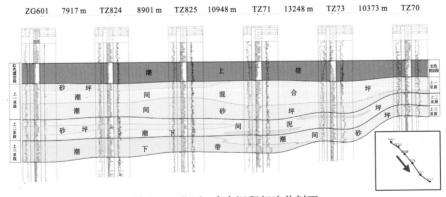

图 3-16　北西－南东沉积相连井剖面

注：ZG601 为中古 601 井；TZ824 为塔中 824 井；TZ825 为塔中 825 井；TZ71 为塔中 71 井；TZ73 为塔中 73 井；TZ70 为塔中 70 井。

三、相展布特征

M1 至 M3 层反映潮汐能量增强的过程，即有潮间带向潮下带过渡的沉积演化，其主控微相为水下砂坝（沿岸）向潮汐水道（垂直岸线）的转变（图 3-17）。

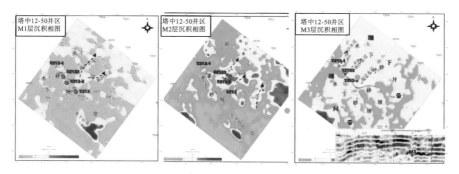

图 3-17　塔中 12－50 井区上三亚段 M1～M3 层沉积相图

第四章 沥青砂岩分布规律

第一节 概　　述

砂体分布研究是油藏描述的重要内容，无论是在勘探阶段还是在开发阶段都极为重要。现代砂体分布规律分析方法已基本形成一套完善的流程：野外剖面描述——认识砂体构型及纵横向分布规律、岩心描述——认识砂体成分结构及单个砂体规律、岩-电关系——建立岩性和电性的合理相关性、测井砂体识别——赋予测井系列纵向连续岩性剖面、井-震结合——定量描述砂体横向分布规律。当然，以上流程要得出合乎规律的砂体分布规律，需要3个前提条件：一是沉积环境对砂体展布的控制为确定地质模型；二是岩-电关系清楚，测井系列能很好的识别出成因砂体；三是地震资料分辨率高，砂体单层厚度足够厚，其属性参数与岩性相关性好。之前的研究成果可以看出，塔中志留系沥青砂岩单层厚度薄，砂泥岩及不同成分粒度砂岩交错叠置，常规碎屑岩岩性测井识别交互区较大（图4-1）。另，砂体埋藏深度大，地震资料的分辨率不足以支撑砂体横向展布规律

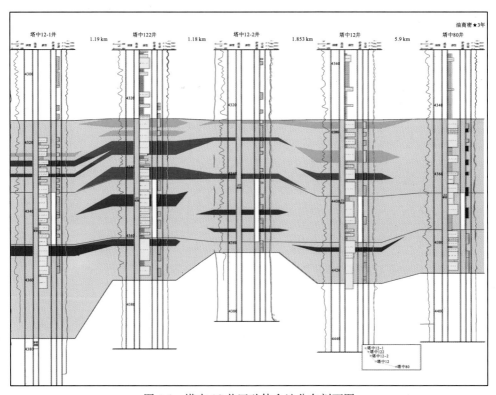

图 4-1　塔中 12 井区砂体含油分布剖面图

图片来源：塔里木油田分公司，2007。

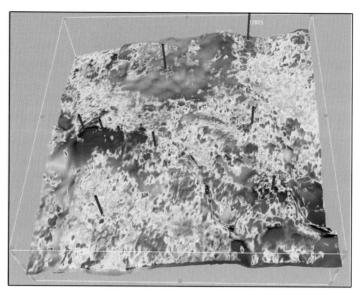

图 4-2　塔中 12 井区上沥青砂岩段有利砂岩与构造叠合图
图片来源：塔里木油田分公司，2007。

的研究（图 4-2），该图中有效砂体分布单井上吻合度较差，几乎没有体现横向展布的优势沉积微相规律，就更谈不上有效指导该套沥青砂岩的开采了。

通过对前面地层格架的建立和沉积相的进一步研究，认为塔中志留系沉积环境为潮坪，主要储集砂体有两种类型，即水下砂坝（坪）和潮汐水道，也可能还有其他的砂体类型，砂体分布具有砂地比高、叠置砂体厚度大、单砂层薄、侧向迁移快的特点。本论著根据该套砂岩的实际地质情况，依据以上研究思路和流程，在各个环节上精雕细琢，强调测井、地震资料的地质含义，充分结合地质－测井－地震，充分利用岩屑和岩心资料识别岩性（图 4-3），以资料较为齐全的塔中 12－50 井区为例，形成了一套潮坪环境薄互层井－震刻画砂岩技术，使该沥青砂岩的分布规律得以合理展示。

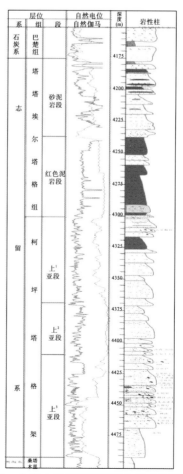

图 4-3　由岩心和岩屑资料建立起来的岩性图

<h1 style="text-align:center">第二节　含油岩心描述</h1>

一、岩心描述

本次工作共描述塔中地区取心井 23 口，共 1000 余米岩心。由于描述对象油气显示丰富、岩电关系复杂，因此在描述过程中主要开展如下内容。

（一）岩心归位

岩心深度归位是将岩心深度归到测井深度上，确保测井地层响应值与岩心样品分析数据的一致性，保证利用测井进行岩石物理研究以及储层参数解释模型的可靠性。它主要通过选用多个取心收获率在 90％以上的井段作为关键层段（表 4-1）进行深度控制，来达到深度归位的目的。进行岩心深度归位的方法一般有两种：地面伽玛测量归位法和岩心分析归位法。本次采用的是岩心分析归位法。对研究区的所有取心井的岩心进行了岩心深度归位。其中，岩心分析归位法主要依赖于稳定的泥岩层段，其对应的测井曲线特征为高伽玛值、高光电截面指数值（图 4-4）。从归位图可看出，在岩心归位后的取芯剖面与原有的测井解释的岩性基本对应，这样才能确保岩－电关系建立的准确性。

表 4-1　塔中 A1 井取心井段情况

井段（m）	进尺（m）	心长（m）	收获率（％）
4321～4325.93	4.93	4.71	95.50
4325.93～4334.83	8.90	9.12	102.50
4334.83～4343.73	8.90	8.90	100

（二）岩心段发育的层序发育特征

地层格架控制砂体的分布及发育，结合上一章的研究成果，认为潮坪环境中期基准面旋回有以下 3 个方面特点：控制因素主要为往复的潮汐，地层纵向发育差别不大，厚度一般达 10 余米，横向展布稳定；储集砂体往往发育在长期基准面上升晚期，以强加积－加积－持续加积－进积旋回为特征。

（三）颜色

通常来讲，岩心颜色的描述是沉积相标志的一种反映，但除此之外，由于沥青砂岩不同的含油显示，其颜色也有不同。通常油浸的岩心为黑色、油迹的颜色为深灰色、油斑的岩心为灰黄色、不含油的为青灰色或白色（图 4-5）。也就是前人简单描述的含油"黑砂岩"和不含油的"白砂岩"之说。

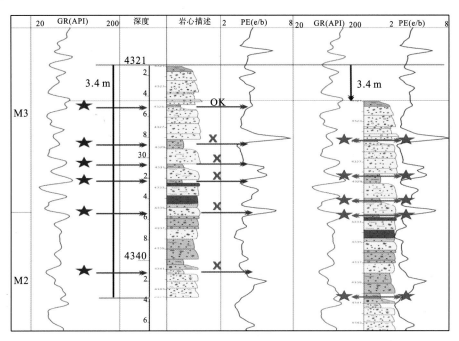

图 4-4　塔中 A1 井志留系取心段岩心柱状图（岩心归位后）

（四）成分结构

沥青砂岩的成分结构描述基本按照常规岩心描述进行，特殊的一点是由于含油显示，使之结构变得与油气分布关联起来。同样具斜层理的细－中砂岩，由于泥质填隙物含量高低变化而呈现的层理结构（图 4-5）。

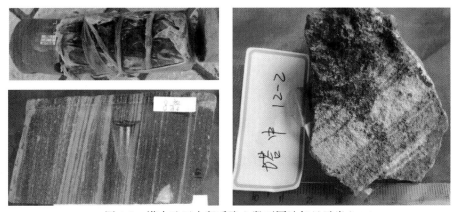

图 4-5　塔中地区志留系取心段不同油气显示岩心

（五）砂岩有效储层描述

描述这套岩心，除了了解成分结构等沉积相标志特征，更重要的一个任务是详细捕捉其含油气性的特点。因此，在观察岩心之前，我们详细整理了其已经分析过的储层参数资料和岩石学特征资料，使在岩心观察时，能准确识别有效储层，并在单井上进行有效标定，提供准确的测井序列参数值（图 4-6）。

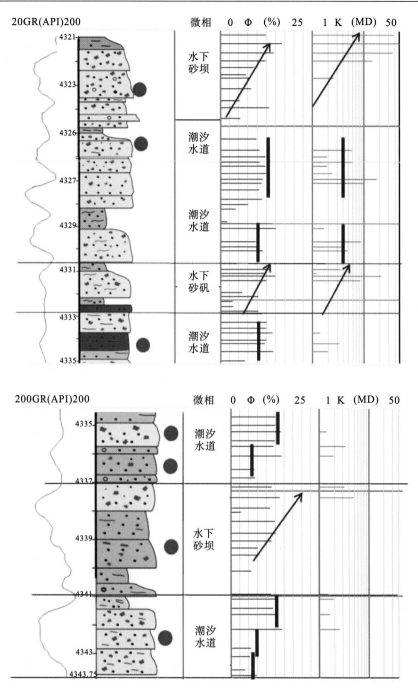

图 4-6　塔中志留系 A2 井取心段储层特征

二、描述结果

通过以上步骤，对该套志留系沥青砂岩的总体面貌，从宏观到微观，从岩性－电性－含油气性特征进行了客观描述，建立了信息全面、资料详实的岩心单井柱状图（图 4-7）。

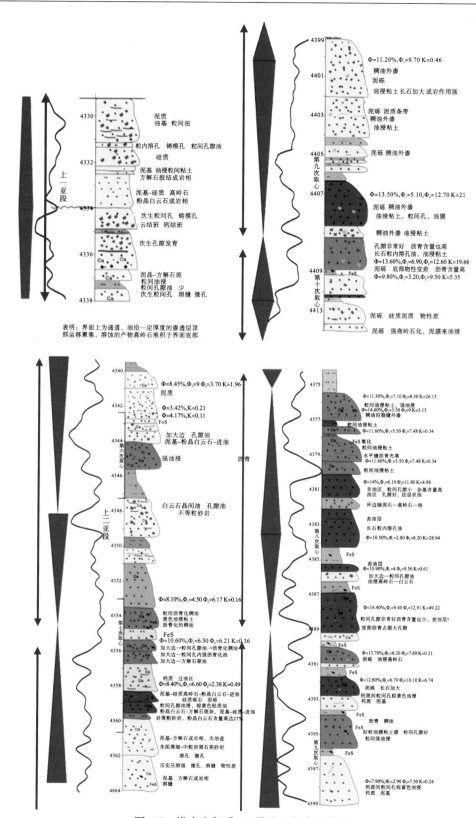

图 4-7　塔中志留系 A1 井取心段岩心描述

第三节　砂体岩－电关系分析

　　岩－电关系主要指的是储层的岩性与导电性之间的关系，表征的测井曲线有自然伽马曲线、声波时差曲线、密度曲线、PE 测井值及电阻率测井曲线，用两两之间的交汇图来表征岩－电关系(图 4-8、图 4-9、图 4-10)。从自然伽马分别与声波时差及密度交汇图来看，基本无法区别不同粒径的砂岩，甚至连砂岩和泥岩的完全区分也无法做到。换言之，粒度粗细不是评价砂体储集性的关键因素。由此，在考虑砂岩成分，并借鉴碳酸盐岩测井所用的 PE 测井再进行岩－电关系研究。

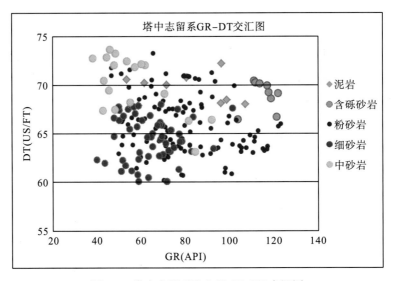

图 4-8　塔中志留系取心段 GR-DT 交汇图

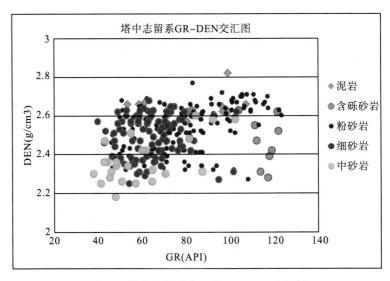

图 4-9　塔中志留系取心段 GR-DEN 交汇图

从不同岩性 GR-PE 交汇图（图 4-7）中可以看出，岩屑石英砂岩的 PE 值介于 2～3.2e/b，GR 值介于 30～70API，AC 值介于 65～75us/ft；岩屑砂岩的 PE 值介于 3.2～3.6e/b，GR 值介于 70～120API，AC 值介于 75～85us/ft；杂砂岩的 PE 值比岩屑砂岩小，范围为 2～2.80e/b，但是 GR 值与岩屑砂岩相当，为 70～110us/ft，同时 AC 值介于 60～70us/ft。

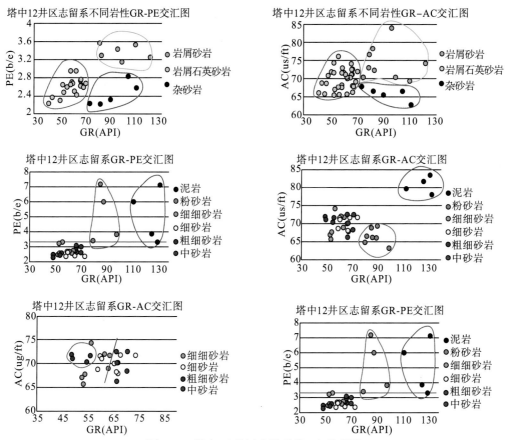

图 4-10　塔中 12 井区志留系岩－电关系图

在塔中 12 井区志留系 GR-PE 交汇图中看到，泥岩和粉砂岩的 PE 值很高，与细砂岩、中砂岩可以完全区分出来，并且从 GR-AC 交汇图中可以看到，泥岩的 GR 值很高，可以与粉砂岩有效区分（表 4-2）。

运用细细砂岩、细砂岩、粗细砂岩及中砂岩做 GR-AC 交汇图，可以进一步定出各类砂岩的范围值。

表 4-2　塔中 12 井区志留系岩－电关系统计表

岩性	PE(e/b)	GR(API)	DEN(g/cm³)	AC(us/ft)
泥岩	>3.20	≥95	2.58～2.82	>77
粉砂岩	3～7.10	73～98	2.28～2.62	62～71
细细砂岩	2.50～3.30	53～65	2.38～2.72	65～75
细砂岩	2.40～3	55～76	2.32～2.65	60～74

续表

岩性	PE(e/b)	GR(API)	DEN(g/cm³)	AC(us/ft)
粗细砂岩	2.30~2.70	48~59	2.28~2.57	67~73
中砂岩	2.50~3.10	35~74	2.28~2.58	63~74

第四节　单井砂体综合解释

以取心井段为基础，通过以上岩心详细归位，建立了以上岩电关系图版，对全区钻遇井的岩性柱进行了重新解释，以下是对比结果（表4-3、表4-4、表4-5）：

表4-3　合作单位提供塔12井区上三段砂体解释成果（塔里木油田公司勘探开发研究院）

岩性 ＼ 井号	塔中12-1井	塔中122井	塔中12井	塔中80井
中砂岩	0m	15m/10层 /22.73%	0m	3m/2层 /4.69%
细砂岩	16.55m/9层 /26.30%	27.50m/14层 /41.67%	21.10m/8层 /30.58%	27.5m/14层 /42.97%

表4-4　塔中志留系综合岩性解释成果

岩性 ＼ 井号	塔中12-1井	塔中122井	塔中12井	塔中80井
总层厚	43.06m	45.60m	50.67m	69.05m
中砂岩	18.53m/18层 /42.60%	3.75m/4层 /8.22%	0m/0层 /0%	10m/9层 /14.43%
细砂岩	11.63m/19层 /26.74%	36.16m/37层 /79.30%	38.90m/33层 /76.73%	8.65m/20层 /12.48%
粉砂岩	8.23m/6层 /18.92%	2.09m/6层 /4.58%	7.40m/7层 /14.60%	30.4m/45层 /43.87%
泥岩	4.67m/8 /10.74%	3.60m/3层 /7.89%	4.37m/13层 /8.62%	20m/21层 /28.86%

砂体单井解释结果充分证实了该套沥青砂岩受潮坪沉积环境控制下的砂体单层薄、砂层累计厚度大的沉积特点（表4-4）。主要层段统计结果表明：M1旋回共有9层砂体，其最大值为14.75m，最小值为4.75m，平均厚度9.10m，均单砂体厚度1.20m；M2旋回共有12层砂体，其最大值为17.72m，最小值为4.75m，平均厚度9.90m，平均单砂体厚度0.98m；M3旋回共有10层砂体，其最大值为15.30m，最小值为3.50m，平均厚度7.80m，平均单砂体厚度0.93m。

表4-5　塔中12-50区块不同中期旋回综合岩性解释成果

小层	最大值	最小值	平均值	砂层数	均单砂层厚
M1	14.75	4.75	9.10	9	1.20
M2	17.72	4.75	9.90	12	0.98
M3	15.30	3.50	7.80	10	0.93
M4	14.50	2.30	7.10	10	0.90
M5	12.50	1.80	6.40	10	0.86

第五节 薄砂层低频率地震预测

为了研究工作区目标层段的砂体展布特征，采用井－震结合方法劈分砂体，实现了中期旋回的砂体地震追踪。具体工作步骤如下：

一、中期旋回的砂体地震追踪

（一）追踪优化上三亚段顶底

依据单井合成地震记录标定（图 4-11、图 4-12），在塔里木油田研究院地震解释层位的基础上，依据前期层序格架研究成果，优化追踪了上三亚段顶底，形成了更加合理的地震追踪结果。

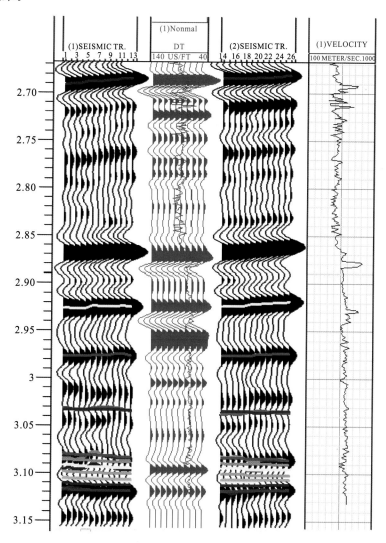

图 4-11 塔中 A1 井合成地震记录

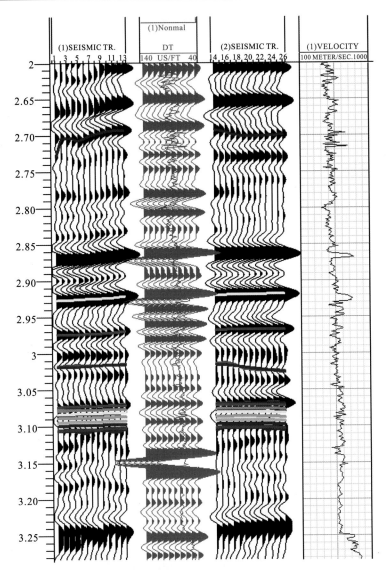

图 4-12　塔中 A3 井合成地震记录

(二)计算各单井 M1、M2、M3 占上三亚段厚度比率

依据单井中期旋回划分结果，统计了塔中 12 井区 13 口井的地质分层结果，计算了上三亚段(M1+M2+M3)地层厚度、M1 中期旋回地层厚度、M2 中期旋回地层厚度和 M3 中期旋回地层厚度，并计算了各中期旋回所占上三亚段地层厚度的比率，形成了数据表格(表 4-6)。

表 4-6　塔中 12 井区中期旋回占上三亚段比率表

井号	上三地层厚度	M1 地层厚度	M1 厚度/上三厚度	M2 地层厚度	M2 厚度/上三厚度	M3 地层厚度	M3 厚度/上三厚度
ZG4	48.55	20.65	42.53%	18.90	38.93%	9	18.54%
ZG7	53.40	23.45	43.91%	19.85	37.17%	10.10	18.91%

续表

井号	上三地层厚度	M1 地层厚度	M1 厚度/上三厚度	M2 地层厚度	M2 厚度/上三厚度	M3 地层厚度	M3 厚度/上三厚度
ZG42	46.55	17.75	38.13%	11.40	24.49%	17.40	37.38%
ZG52	49.29	14.15	28.71%	18.40	37.33%	16.74	33.96%
ZG511	45.17	12.55	27.78%	13.45	29.78%	19.17	42.44%
ZG512	72.50	26.95	37.17%	25.75	35.52%	19.80	27.31%
ZG513	52.20	15.50	29.69%	22.65	43.39%	14.05	26.92%
TZ12	50.68	11.12	21.94%	20.58	40.61%	18.98	37.45%
TZ12-1	43.50	14.80	34.02%	12.70	29.20%	16	36.78%
TZ12-2	43.68	10.38	23.76%	14.24	32.60%	19.06	43.64%
TZ50	57.85	20.55	35.52%	19.75	34.14%	17.55	30.34%
TZ80	69.18	22.72	32.84%	26.16	37.81%	20.18	29.17%
TZ122	45.64	13.64	29.89%	14.68	32.16%	17.32	37.95%

(三)网格化 M1、M2、M3 所占上三亚段比率

形成 M1、M2、M3 各平面所占上三亚段比率数据体。

依据表 4-5 井点统计数据，采用内插网格方法形成 M1、M2 和 M3 各中期旋回所占上三亚段的平面比率数据(图 4-13、图 4-14、图 4-15)。

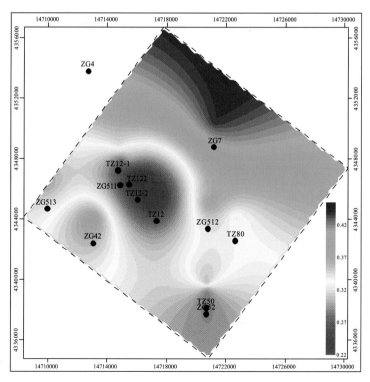

图 4-13　M1 中期旋回所占上三亚段的平面比率图
注：图中字母与数字代表井号。

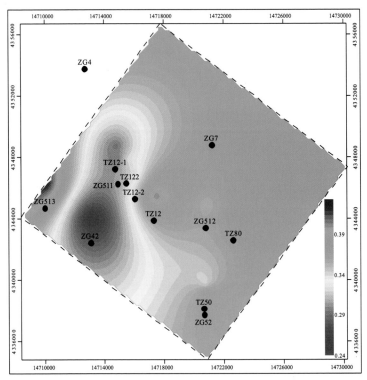

图 4-14　M2 中期旋回所占上三亚段的平面比率图

注：图中字母与数字代表井号。

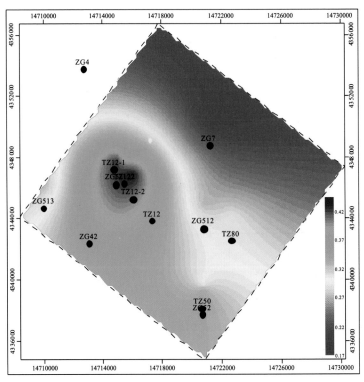

图 4-15　M3 中期旋回所占上三亚段的平面比率图

注：图中字母与数字代表井号。

(四)从上三亚段顶开始，分别下移各旋回所占比率

依据步骤(一)和(三)所得解释数据和计算数据，将上三亚段顶解释结果按步骤(三)内插结果下移，分别得到中期旋回 M3、M2 和 M1 顶的解释结果(图 4-16)。

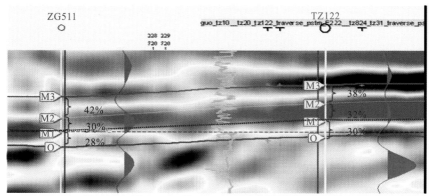

图 4-16 塔中 12 区块 M1—M3 中期旋回地震劈分图

二、井—震结合识别砂体过程

井—震结合识别砂体过程就是依据钻井的砂体信息，通过提取地震的相关信息，建立两者之间的关系，实现地震信息到砂体信息的转换，其过程如下：

(一)提取 MI、M2、M3 各层地震属性

目前发展的地震信息动力学参数和运动学参数属性有很多种，主要是通过窗口式提取或时窗式提取方式。本次研究通过窗口式方式提取了均方根振幅(RMS)、最大振幅等 10 余种地震属性(图 4-17~图 4-19)。

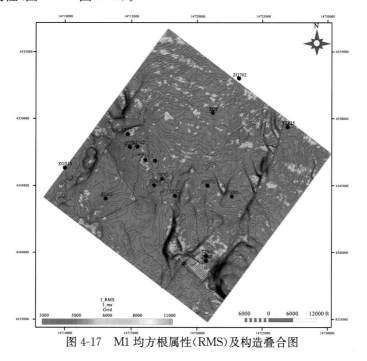

图 4-17 M1 均方根属性(RMS)及构造叠合图

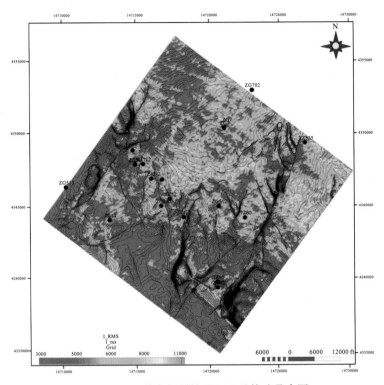

图 4-18　M2 均方根属性(RMS)及构造叠合图

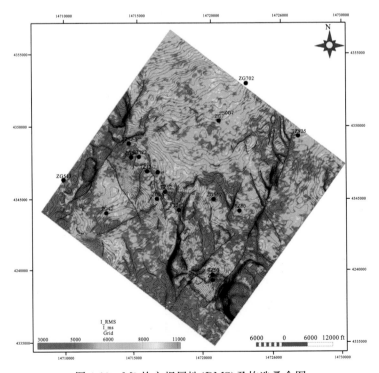

图 4-19　M3 均方根属性(RMS)及构造叠合图

（二）将井点地震属性和砂体统计数据交汇，找出关系式

将提取的地震属性井点数据和砂体厚度进行拟合，筛选与砂体对应性好的属性，并建立砂体厚度和地震属性之间的关系式，为完成地震属性转换砂体厚度做基础。本次研究认为均方根振幅（RMS）和砂体厚度对应关系较好（图 4-20～图 4-22）。

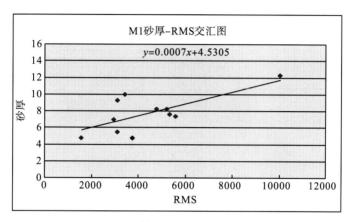

图 4-20　M1 砂体－均方根属性（RMS）交汇图

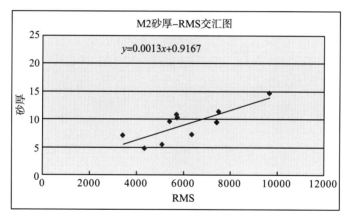

图 4-21　M2 砂体－均方根属性（RMS）交汇图

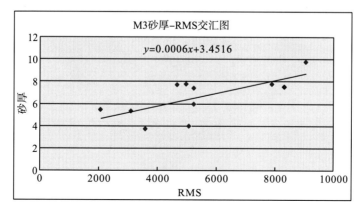

图 4-22　M3 砂体－均方根属性（RMS）交汇图

（三）将地震属性转换为砂体信息

依据步骤（二）中建立的关系式，完成地震属性信息向砂体的转换过程，并调节色标和等值线，形成比较完善的地震预测砂体厚度图（图 2-23～图 4-25）。

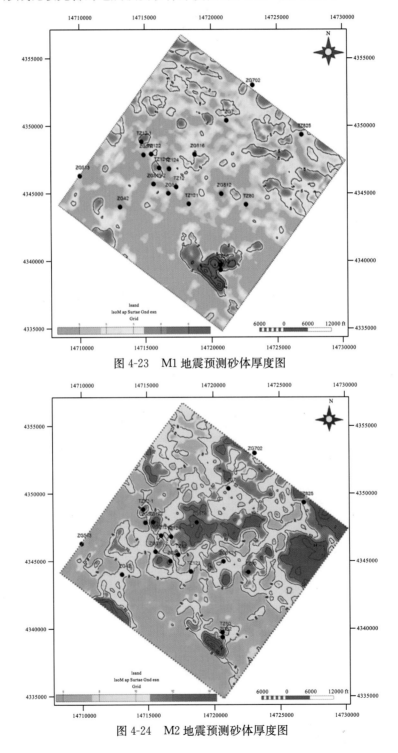

图 4-23　M1 地震预测砂体厚度图

图 4-24　M2 地震预测砂体厚度图

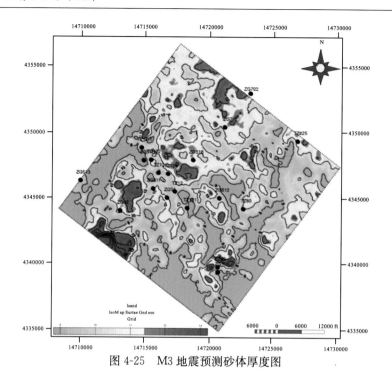

图 4-25　M3 地震预测砂体厚度图

第六节　沥青砂岩分布规律

M1 至 M3 层反映潮汐能量增强的过程，即由潮间带向潮下带过渡的沉积演化，其主控微相为水下砂坝（沿岸）向潮汐水道（垂直岸线）的转变。

上三亚段砂体整体发育，受长期旋回影响，M3 砂层及有效砂层均较 M1、M2 发育且 M1、M2 砂层以水下砂坝为主，M3 以水下砂坪和潮汐水道的叠置为主。砂体井间砂体变化大。

结合沉积相资料的地震预测砂体厚度表明：

M1 旋回砂体总体厚度偏小，最大不超过 8m，最大厚度在塔中 50 井附近。5m 厚砂体分布比较零散，主要分布在三维工区西北部，砂体展布以北西向为主，基本能指示潮间带的砂坝特征（图 4-26）。

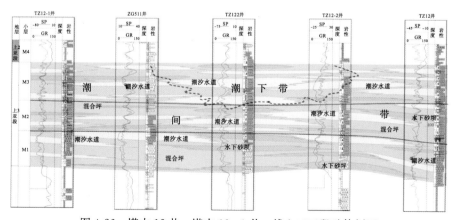

图 4-26　塔中 12 井—塔中 12-1 井一线上三亚段砂体剖面

　　M2 旋回砂体总体厚度中等，最大达 18m，最大厚度在塔中 50 井以南和 ZG42 井西南附近。8m 厚砂体分布比较连续，在塔中 12 井、塔中 12-1 井一带主要砂体展布为北西-南东向，塔中 12 井—塔中 12-1 井带东北部主要展布为北东-南西向，显示塔中 12 井—塔中 12-1 井为砂坝特征，该带东北部为潮汐水道特征。

　　M3 旋回砂体总体厚度较大，最大达 22m，最大厚度 ZG42 西南附近。8m 厚砂大面积连续分布，在塔中 12 井—塔中 12-1 井一带主要砂体展布为北西-南东向，显示塔中 12 井—塔中 12-1 井为砂坝特征，塔中 12 井—塔中 12-1 井带东北部 10m 等值线主要展布为北东-南西向，具有明显的潮汐水道特征。

第五章　沥青砂岩储层特征

万利友(2014)认为，沥青砂岩与常规储层不同的是其中的沥青，甚至在塔里木顺托果勒低隆区志留系柯坪塔格组中表现为低渗透的特点。对塔中地区的研究资料表明，由于沥青产状不同、演化程度不同，在储层形成及演化过程中的作用也不尽相同，应该区别对待。从一定程度来讲，演化程度较低时，具有相对可溶解性，在多期油气充注过程中，既具有明显的可溶解改造作用，又具有堵塞孔喉的效果。由此，在研究该类型储层时，首先要弄清其特征及其演化，明确沥青砂岩的成因及控制因素，有助于在油层开发中提出有针对性的方案；其次，对现存的多种沥青、油气等流体类型进行分析，对弄清油气充注的期次、构造演化具有重要借鉴意义，通过数期油气的充注证据与成岩矿物的组合关系，明确不同期次油气充注的时间和油层破坏时间；再者，沥青砂岩作为一种与常规储层有着明显区别的储层，通过对沥青砂岩储层特征的研究，对这类特殊的非常规储层有一个清晰的认识，可用于类似储层演化研究的借鉴。

第一节　岩石学特征

一、基本特征

塔中12井区上三亚段以发育交错层理和冲洗交错层理的灰绿色细砂岩和粉砂岩为主，其间夹灰绿色泥岩和泥质粉砂岩的内陆棚沉积。研究区南部(塔南-塔中隆起)为剥蚀区。对比分析发现，北部沉积厚度较大，南部厚度减少，沉积相带表现为南北向分带、东西向展布，从南或北向盆地中心依次为剥蚀区，潮间带，潮下带，其中塔中62井-中古42井-塔中23井以南的区发育潮上带潮间带沉积体系，以北的区发育潮间带潮上带沉积体系。塔中16井区附近发育海湾泥坪沉积。上三亚段沉积时期，古地形呈北深南浅，坡度极缓，沉积厚度变化不大。

塔中地区志留系主要为潮坪沉积，砂体薄、砂层多，多期交叠分布，沉积砂体展布方向表现为近南北向。由于潮坪沉积的水动力条件为潮汐作用，因此水动力强弱交替出现，形成砂泥岩的互层。沉积以粉砂和泥为主，含少量细砂岩。根据数百个不同岩心样品的渗透率统计分析可以看出，岩石类型与物性特征有明显的相关关系。不同粒度的岩样渗透率呈有规律的变化，表现在粒度越粗，其物性越好(表5-1)。

岩石类型、成岩相和沉积微相之间有紧密的成因联系和明显的对应关系，不同微相类型沉积动力机制的差异形成不同岩石类型的沉积，各种岩石类型发生相应的成岩作用而表现为不同的成岩相，进而形成不同的储层类型。

表 5-1　塔中 12 井区不同岩性—物性统计表

岩性	样本数(个)	孔隙度(%)			渗透率(×10⁻³ μm²)		
		平均值	最大值	最小值	平均值	最大值	最小值
粉砂岩	93	7.60	15.90	4.01	3.46	90.10	0.03
含砾砂岩	9	8.40	14.70	2.20	87.30	469.90	0.07·
细砂岩	1365	10.30	20.70	4.02	24.31	2750	0.01
中砂岩	30	12.40	18.30	4.04	45.34	245	0.39

二、碎屑矿物成分

塔中 12 井区志留系地层主要为一套潮坪沉积，潮汐水道、水下砂坝的沉积砂体为较好储层，主要岩性为岩屑石英砂岩，占总样品数 84.20%；长石岩屑砂岩，占总样品数 3.70%；岩屑砂岩，占总样品数 10.40%；杂砂岩，占总样品数 1.70%(图 5-1)。碎屑颗粒组分以石英、岩屑、长石及少量云母常见，其中石英颗粒含量为 40%～87%；岩屑含量较高，为 13%～58%；以燧石、石英岩岩屑、石英砂岩岩屑常见；长石含量较少，为 1%～13%，平均为 5%左右。整体上成分成熟度不高，碎屑组分中硅质含量较高，从阴极发光镜下鉴定结果看，既有火成成因，也有变质和沉积成因的石英质颗粒，长石含量较低，钾长石含量高于斜长石，云母以白云母居多。

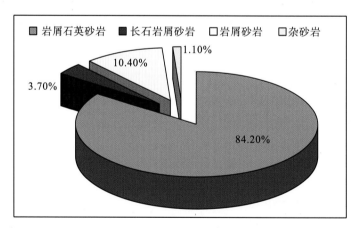

图 5-1　塔中 12 井区不同岩性所占比例图

三、岩石结构特征

塔中 11 井区、塔中 12 井区相比塔中 16 井区而言粒度要粗，普遍以中砂岩、细砂岩为主，塔中 16 井区则以细砂岩、粉砂岩为主，由西向东粒度有变细趋势(图 5-2)。整体分选较高，分选较好，磨圆度较差，以棱角、次棱角为主。其次为次圆，颗粒接触关系为点、线接触，胶结类型为加大-孔隙式胶结，长石风化程度低。由于是潮坪沉积，薄砂层发育，多期叠置，砂泥互层较为发育，全区而言细砂岩占到了较大的比例。

图 5-2　塔中地区由西向东代表岩性粒度变化
注：由上到下分别为塔中 11 井、塔中 112 井，塔中 16 井。

四、孔隙充填物成分

填隙物包含杂基和胶结物，杂基含量较低，多为黏土和泥质。胶结物常见为方解石、白云石、铁白云石、硬石膏、硅质、黏土矿物（绿泥石和高岭土）、铁质胶结物等。方解石、白云石等碳酸盐胶结物呈零散分布或呈斑块状嵌晶胶结，含量较高。硅质胶结物多以石英自生加大边出现，在本区较为发育，特别是在岩屑石英砂岩中更为常见，可见1～2期石英加大发育。自生黏土矿物以高岭石常见，晶间孔内充填油。铁质胶结物包括黄铁矿和磁铁矿，以黄铁矿居多，斑状或零星分布于颗粒之间，黄铁矿部分出现氧化现象。在不同的沉积背景下和岩屑成分的差异，导致各种胶结物出现的强度、频率均有明显的差异。例如塔中11井、塔中117井、塔中12井上三亚段黏土矿物以高岭石化和自生高岭石、自生石英较为发育，晶间充填油，另外发育粉晶白云石；塔中62井则以方解石、泥质胶结较为发育，硅质加大不常见；而塔中122井则以强钙质胶结、硅质胶结为主，并发育少量黄铁矿。

第二节　成岩作用特征

通过塔中12井区塔中12井、塔中11井、塔中117井、塔中12-1井、塔中62井等井的岩心薄片观察和扫描电镜分析，确定塔中12井区志留系沉积以后，主要经受了压实作用、胶结作用、交代作用和溶蚀作用的改造。志留系储层经历了400余百万年的漫长地质历史，总体压实程度弱—中；以碳酸盐类及硅质和高岭石胶结物为主的胶结作用总体较强；溶蚀作用一般较弱，对储层孔隙度影响不大，但局部层段以碳酸盐胶结物为主的溶蚀作用强烈，对储层性质影响较大（表5-2）。

表5-2　塔中12井区志留系下砂岩段储层成岩作用对孔隙的改造

亚段	井深（m）	孔隙度（%）				
		原始	现今	胶结损失	溶蚀增加	压实损失
上一亚段	4250.20～4251.30	40	13.80	10	0.80	17
上三亚段	4353.20～4412.56	40	10.70	7.10	0.50	22.80

一、压实作用

成岩压实作用对研究区目的层储层有极重要的影响。在岩屑砂岩、石英岩屑砂岩等塑性颗粒含量较多的储层中，压实作用较强，且导致后期流体活动减弱，致使胶结作用、溶蚀作用均不发育，塔中12井区压实作用主要有以下特征：（1）颗粒多呈点线接触，部分颗粒边缘出现明显的压溶特征；（2）部分塑性颗粒如云母片等发生强烈弯曲变形，甚至发生压实断裂；（3）部分层位出现颗粒紧密压实、定向排列；（4）出现多数长石、少量石英被压裂形成微裂缝，缝内充填沥青或黏土、碳酸盐岩矿物；（5）由于压实产生的沿层面或垂直于层面的微裂缝。

通过大量详尽的铸体薄片的半定量统计，在取得砂岩胶结减孔量和溶蚀增孔量的基础上，计算得出储层压实减孔量。研究区志留系下砂岩段储层由压实作用所损失的孔隙量平均14.20%～26%（最高可达32.60%）（图5-3）。但由于压实产生的裂缝能成为潜在的吼道，在连通有效孔隙的情况下，对储集物性有所改善，但其发生几率极小。

塔中12井区储层受压实作用减少的孔隙量在空间上具有一定变化，主要受控于3个方面因素：即储层本身岩性、成岩胶结强度和埋藏深度。成岩期（尤其是成岩早期）胶结物的发育，由于其支撑作用导致储层不易被压实，压实减孔量小。胶结作用相对较弱者

（胶结物含量小于 10％），压实作用使颗粒排列更为致密（图 5-4），从而使损失的孔隙量达 20.70％～26％；胶结作用相对发育者（胶结物含量大于 10％）的储层，压实作用损失的孔隙量平均 14.20％～22.10％，二者平均约差 5 个百分点。相比而言，埋藏深度对储层压实减孔量有一定影响。

图 5-3　岩石压实缝（塔中 12 井，井深 4385.85m）

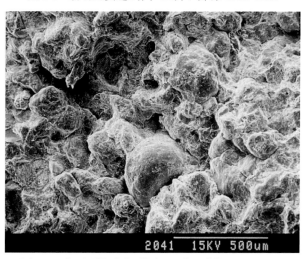

图 5-4　岩石颗粒致密（塔中 12 井，井深 4344.09m）

　　在有效上覆压力的作用下，孔隙壁表面层岩石受到压缩应力的作用，岩石颗粒之间的胶结物会产生一定的塑性变形。颗粒之间结构会变得更为稳定，具有较强的抗挤压能力，阻碍压实作用对孔隙度的影响。但对塔中 12 井区目的层上三亚段原生孔隙研究发现，随埋深的增加，原生孔隙量显著减少，表明在塔中 12 井区，压实作用对储集物性主要为负面影响。

　　而喉道则与孔隙体相反，为一反拱形结构。在有效上覆压力的作用下，喉道壁表面层岩石受到拉伸压力的作用，表面层岩石颗粒间的胶结物极易变形。这种变形，使岩石变得更加疏松，颗粒间的结构更不稳定，同时使喉道直径急剧减小，甚至完全闭合。喉径的减小和部分喉道的闭合使岩石渗透率下降明显。

二、胶结作用

研究区志留系砂岩储层胶结作用总体较强，储层中各种成岩自生矿物（碳酸盐类、石英、高岭石、黏土环边、黄铁矿等）发育，局部富集，导致储层孔隙大量减少（图5-5～图5-10）。各井志留系砂岩储层由胶结作用所减少的孔隙量一般平均为5%～20%，碳酸盐致密胶结者可达20%～32%。

碳酸盐岩胶结物：方解石、铁方解石、白云石、铁白云石等为常见胶结物，含量一般在4%～10%，少数可达10%以上。常见的胶结形态有连晶、斑状或零散分布，胶结作用较强时可出现方解石嵌晶胶结为主，同时与交代作用同时出现。白云石、铁白云石自形颗粒较小，多数以微晶形态充填孔隙之间，由孔隙水沉淀和交代作用形成。

硅质胶结物：多表现为石英次生加大，尤其在岩屑石英砂岩中常见石英加大边，有时发育一期，之后充填油气，有时发育两期，分别在油气充注前后，对于孔隙空间较大的自形形态较好。早期石英加大边由于孔隙空间发育，可见自形发育的平直边，而晚期由于空间减少，则成不规则形状，可见颗粒间线接触或缝合线状接触。

黏土环边胶结物：一般为沉积时期的杂基或之后交代形成的绿泥石、高岭石矿物组成，其中黏土矿物晶间孔隙常充填油，尤以油浸自生高岭石常见，绿泥石环边也常出现，环边形态明显，扫描电镜下可见绿泥石颗粒垂直于碎屑颗粒表面生长。

硬石膏胶结物：硬石膏常呈斑块状、连晶状胶结物充填于孔隙内，也可交代其他矿物颗粒，干涉色较高，最高可达三级绿色，常见有聚片双晶，在颗粒边部出现有若交代作用。

黄铁矿自生矿物：塔中12井区的自形黄铁矿多呈斑状或零星充填于颗粒之间，少数零星分布的黄铁矿颗粒晶形完好，在暴露界面处还可见到褐铁矿化，有时交代石英加大边或黏土膜，本区的黄铁矿颗粒多与沥青伴生，与晚成岩期或油气进入储集岩所形成的还原环境有关。它是在深埋阶段封闭良好的还原环境下，酸性水介质促使富铁矿物蚀变和部分分解生成黄铁矿，或是地层水中的硫酸根离子被油气还原产生硫化氢并与流体中的铁离子反应析出黄铁矿。

研究区成岩胶结作用对储层物性的影响主要表现在以下两个方面：

第一，储层填隙物含量与孔隙度和渗透率之间呈明显的负相关性，随着填隙物含量的增加，储层孔隙度和渗透率明显下降。

图5-5　自生石英、石英加大边
（塔中117井，井深4409.25m）

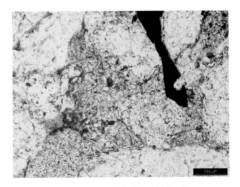

图5-6　油浸高岭石晶间孔
（塔中117井，井深4452.16m）

图 5-7　方解石连晶胶结
（塔中 12-2 井，井深 4349.70m）

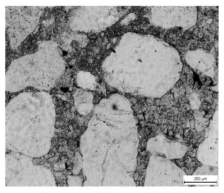

图 5-8　细晶白云石致密胶结
（塔中 12 井，井深 4342.85m）

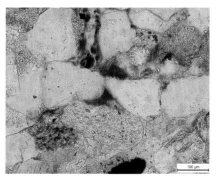

图 5-9　环边绿泥石-高岭石胶结
（塔中 12 井，井深 4382.94m）

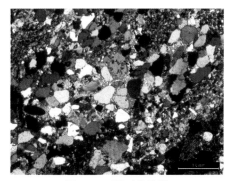

图 5-10　硬石膏胶结
（塔中 161 井，井深 4058.72m）

第二，储层碳酸盐含量与孔隙度和渗透率之间同样呈较明显的负相关性，而且和填隙物总量与孔渗之间相关图的走势极相似，这恰恰说明了研究区志留系储层中碳酸盐类的胶结作用在成岩胶结中起着主导作用。

通过对碳酸盐岩和岩心实测孔隙度渗透率的比对分析可以看出，平面上西部的储集性能明显优于东部。但垂向上孔、渗变化无明显规律，主要受胶结物含量控制。统计表明，碳酸盐含量小于 7%，对储层物性的影响不明显。碳酸盐含量大于 20% 时，孔隙度小于 10%，渗透率小于 $2 \times 10^{-3} \mu m^2$。碳酸盐含量大于 25%，孔隙度小于 7%，渗透率小于 $0.10 \times 10^{-3} \mu m^2$。

三、交代作用

交代作用是一种矿物代替另一种矿物的现象。塔中 11 井区、塔中 12 井区的交代作用较为常见，主要由以下几种类型：硅质交代、碳酸盐矿物交代、绿泥石及高岭石等黏土矿物交代、黄铁矿化、硬石膏交代等，交代矿物可以交代颗粒的边缘，将颗粒溶蚀成锯齿状或鸡冠状的不规则边缘，也可以完全交代碎屑颗粒（图 5-11、图 5-12）。

主要由以下几种体现形式：（1）交代颗粒边缘，使颗粒边缘再无沉积形成的圆滑状，多呈不规则形态或呈港湾状；（2）颗粒整体被交代，如方解石交代长石，并保留矿物假象；（3）颗粒大部分被交代，有成矿残余物包体现象和残骸状或交代切割现象。相比钙质交代，硅质交代强度一般较小，钙质交代与高岭石交代常一同出现，长石方解石交代既有呈筛网状，也有部分边缘交代，硅质交代一般以交代边缘为主，绿泥石、高岭石交代多为整体交代。

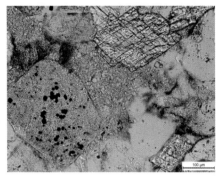

图 5-11　高岭石被白云石交代　　　　　图 5-12　黄铁矿充填粒间孔
（塔中 12 井，井深 4409.41m）　　　　　（塔中 12 井，井深 4409.41m）

四、自生矿物

石英是碎屑岩中最常见的硅质胶结物，它可以呈微、细粒状充填于孔隙中，但更常见的是以碎屑石英自生加大边胶结物出现。塔中 12 井区易见石英加大边，且石英加大作用强（图 5-13、图 5-14）。自生长石同样是碎屑岩中常见的一种矿物，它可以呈碎屑长石的自生加大边，也可以在基质中呈小的自形晶体产出（图 5-15）。

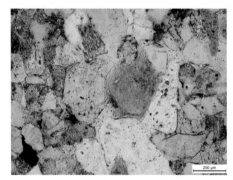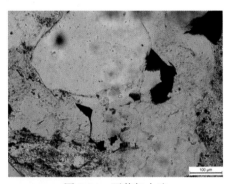

图 5-13　钾长石自生加大　　　　　　　图 5-14　石英加大边
（塔中 12 井，井深 4388.57m）　　　　　（塔中 12 井，井深 4408.54m）

图 5-15　自生石英（塔中 12-1 井，井深 4329.67m）

五、溶蚀作用

砂岩中任何碎屑颗粒、杂基、胶结物和交代矿物（后两种统称为自生矿物）、包括最稳定的石英和硅质胶结物，在一定的成岩环境中都可以不同的程度发生溶解作用，溶解作用的结果形成了砂岩的次生孔隙，对储层的物性起到建设性作用。在塔中 12 井区，次生孔隙比塔中 11 井区发育。塔中 11 井区以原生孔隙为主，而塔中 12 井区不但有原生孔隙，而且次生孔隙中的溶蚀孔所占比例也在增加（图 5-16、图 5-17）

 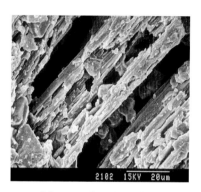

图 5-16　泥基被溶　　　　　　　　图 5-17　长石粒内溶孔
（塔中 117 井，井深 4430.78m）　　（塔中 12－2 井，井深 4349.23m）

六、破裂作用

破裂作用具体指的是在成岩作用过程中形成的各种形态、不同产状的微裂缝，裂缝的产生，使得渗透率增加，在储层物性控制因素分析上，起到建设性作用（图 5-18）。受构造运动和差异成岩压实作用影响，可在沥青砂岩内形成成岩缝和构造微裂缝，岩芯及薄片观察中构造缝略少，破裂作用多伴随着溶蚀作用的发育，两者具一定的相关性。

图 5-18　不同产状的裂缝（塔中 117 井，井深 4428.16m）

七、成岩演化序列

成岩序列为储层演化的重要依据，主要依据以下证据：紧密压实的粉砂岩中碳酸盐胶结物很少发育；原硅质旁边有绿泥石膜；方解石交代石英自生加大边；石英压溶交代向改造后的孔隙空间生长；自形程度很好的白云石晶粒交代方解石和石英交代边；绿泥石交代岩屑和方解石，将成岩序列按以下过程排序：机械压实（颗粒塑性变形）→黏土膜形成及转化→石英自生加大、铝硅酸盐溶解→连晶状方解石沉淀→石英压溶加大→方解石向铁白云石转化→绿泥石沉淀。

本论著在借鉴以上成果基础上，采用石油天然气总公司含油气碎屑岩成岩阶段划分及主要标志的标准，依据后面所列的 4 个方面划出不同的成岩序列及成岩阶段：自生矿物组合、分布、演变及形成顺序；有机热成熟度；黏土矿物及混层黏土矿物的转化；岩石的结构构造特点。建立以下成岩演化序列（图 5-19）。

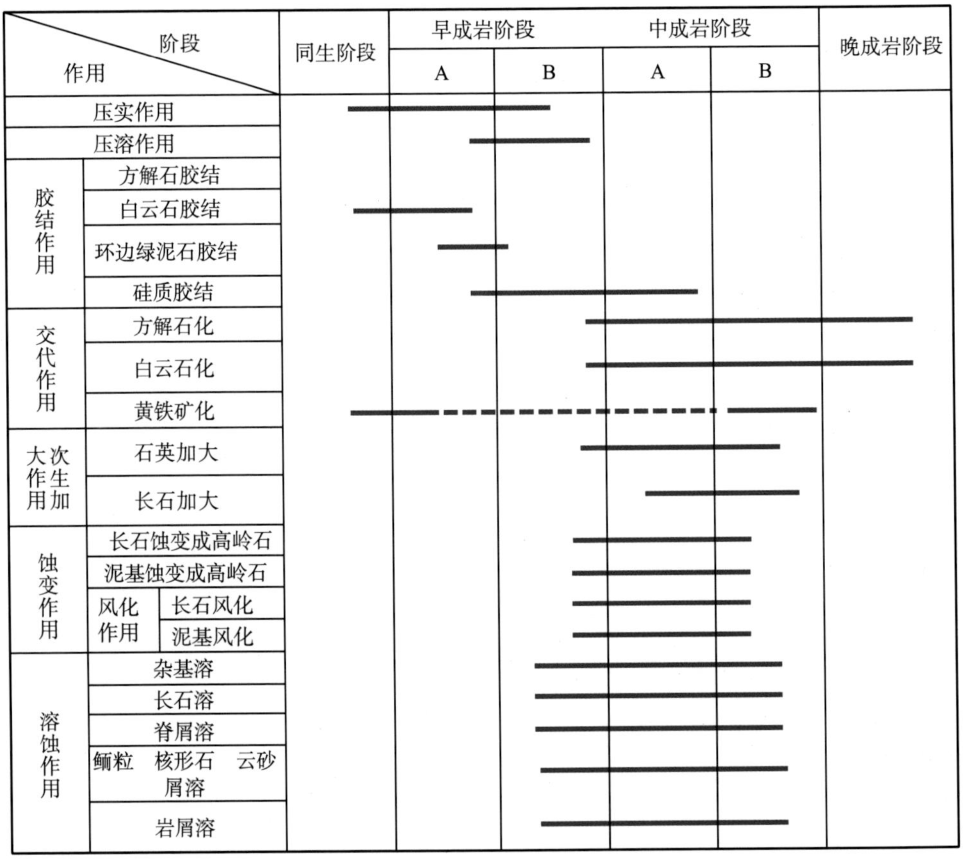

作用 / 阶段	同生阶段	早成岩阶段 A	早成岩阶段 B	中成岩阶段 A	中成岩阶段 B	晚成岩阶段
压实作用		▬	▬			
压溶作用			▬	▬		
胶结作用：方解石胶结		▬				
胶结作用：白云石胶结		▬				
胶结作用：环边绿泥石胶结			▬			
胶结作用：硅质胶结			▬	▬		
交代作用：方解石化				▬	▬	▬
交代作用：白云石化				▬	▬	▬
交代作用：黄铁矿化		▬	─ ─ ─			
次生加大作用：石英加大				▬	▬	
次生加大作用：长石加大				▬	▬	
蚀变作用：长石蚀变成高岭石			▬	▬	▬	
蚀变作用：泥基蚀变成高岭石			▬	▬	▬	
蚀变作用：风化作用 长石风化			▬	▬	▬	
蚀变作用：风化作用 泥基风化			▬	▬	▬	
溶蚀作用：杂基溶		▬	▬	▬		
溶蚀作用：长石溶		▬	▬	▬	▬	
溶蚀作用：脊屑溶		▬	▬	▬		
溶蚀作用：鲕粒 核形石 云砂 屑溶		▬	▬	▬		
溶蚀作用：岩屑溶			▬	▬	▬	

图 5-19　塔中地区志留系沥青砂岩储层成岩演化序列

对主要成岩期次论述如下：

早成岩 A 亚期：沉积物沉积以后开始发生压实作用，在早成岩 A 亚期，埋深小于 1500m，古地温低于 70℃，Ro＜0.40％。早期地层水呈碱性，发生早期方解石胶结，后来随埋深压实，地层水向酸性转化，逐渐有铝硅酸盐的溶解及石英的次生加大发育。

早成岩 B 亚期：在早成岩 B 亚期，埋深在 1500~2500m，古地温低于 90℃，Ro＜0.60％，压实作用造成泥岩压实脱水使地层水继续呈酸性，石英见次生加大及压溶加大，早期方解石胶结物发生溶解。后来由于地层抬升影响，地层水向酸碱过渡，部分石英可能发生溶解作用，而方解石则由于地层水中大量碳酸盐的存在而产生沉淀，伊蒙混层矿物含量达 80％左右，其内部蒙脱石含量在 70％左右。

晚成岩 A 亚期：地层埋深在 2500~4600m，地层古温度的变化范围在 85~125℃，Ro＜1.10％，压实及压溶作用已逐渐增强，石英次生加大已达三级，薄片观察大部分石英具次生加大，自形晶面发育，有的见石英小晶体。碳酸盐胶结物沉淀与溶解并存，铁白云石开始出现，表现为交代方解石或填孔隙。次生孔隙较发育。砂岩中黏土矿物自生高岭土和混层黏土矿物含量较多，泥岩中混层黏土矿物已由无序混层过渡到有序混层。

晚成岩 B 亚期：地层埋深接近 5000m，地温在（130±5）℃，Ro＞1.10％。薄片下几乎所有的石英都具有次生加大，部分石英强烈压溶加大，颗粒间多呈镶嵌状，常见方解石、铁白云石及长石沉淀。伊蒙混层矿物有序度在 10％~20％，其中蒙脱石含量在 20％左右。塔中志留系埋深几乎在 4000~5000m 或更深一些，据塔中地区的地温梯度估算，其地温大于 100℃，高时可超过 130℃。伊蒙混层黏土矿物处于有序向无序转化的过程，有序度在 20％~30％，其中蒙脱石含量约在 20％~30％。研究表明，4300~4800m 有机酸浓度很高，与地温分布和黏土矿物的转化阶段相一致。薄片下见石英的三级次生加大，甚至石英呈嵌晶状。自生含铁碳酸盐矿物及绿泥石大量发育，这些特征表明塔中志留系目前正处于晚成岩作用 A 亚期至 B 亚期。

八、成岩作用强弱评述

成岩作用反映成岩特点，而成岩作用的强弱反映其对储层的潜在控制作用，总体来讲，塔中志留系储层有以下成岩作用及强弱进程：

压实作用（弱－中）

压溶作用（弱）

胶结及交代作用

方解石胶结（中），白云石胶结（中），硅质胶结（中偏强），环变绿泥石胶结（弱）；

石英加大（强），长石加大（中偏弱）；

方解石化（中偏强），白云石化（中偏强），黄铁矿化（中偏强）。

溶蚀作用

杂基被溶：（1）泥基（中偏弱），（2）钙基（弱），（3）云基（弱）；

脊屑被溶（弱），长石被溶（弱），鲕粒、柱形石被溶（弱），岩屑被溶（弱）。

蚀变作用

长石蚀变成高岭石（弱），泥基蚀变成高岭石（中）。

破裂作用（弱偏中）

充填作用

缝的充填作用形成：方解石脉（偶见）；沥青脉；稠油脉（偶见）；

自生矿物：石英（易见）；长石；黄铁矿（易见）；白云石（易见）。

第三节　储层孔隙及物性特征

一、孔隙类型及特征

孔隙类型在一定程度可以反映孔隙成因、孔隙的形成演化，不同的孔隙类型所占比例也是孔隙演化的一定综合反映，碎屑储层孔隙类型可分为两大类，原生孔隙和次生孔隙，原生孔隙主要包括原生粒间孔隙、晶间孔隙、微孔隙等，次生孔隙包含粒间、粒内溶蚀孔隙、晶间孔隙、铸模孔、破裂孔等(图5-20)。

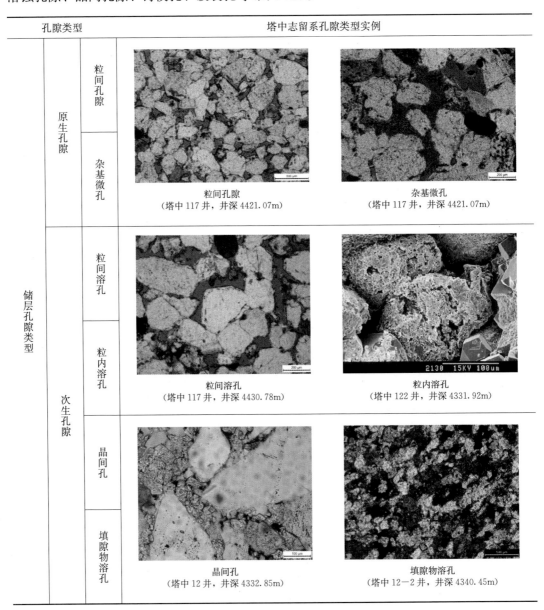

图 5-20　塔中志留系储层孔隙类型及实例

粒间孔指在颗粒、杂基及胶结物之间的孔隙，包括原生粒间孔和剩余粒间孔；

溶蚀孔隙指由于填隙物、骨架颗粒或交代物等可溶物质的迁移而形成的孔隙，根据可溶物质的不同又可细分为粒内溶孔（如长石溶孔、岩屑溶孔）和粒间溶孔（如杂基和胶结物溶孔）；

晶间孔隙指成岩过程中形成的黏土、碳酸盐等矿物晶体间的微小孔隙，一般结晶粗大，多出现于结晶较好的黏土矿物集合体内或晶粒状矿物之间；

铸模孔指具颗粒外形并与颗粒等大的碎屑溶孔；

微孔隙包括泥状杂基成岩时收缩形成的孔隙及黏土矿物重结晶的晶间孔隙，孔隙的直径一般定义为在 $0.50\sim0.05\mu m$，只能在扫描电镜下方可辨认。

塔中 11 井区、塔中 12 井区下砂岩段各种储层孔隙类型中，以原生孔隙为主，原生孔隙发育粒间孔和杂基微孔；次生孔隙主要是粒间溶孔、粒内溶孔、晶间孔、填隙物溶孔、溶缝。塔中 117 井上三亚段，储层总孔隙度为 20.10%，以原生粒间孔为主；塔中 11 井上三亚段总孔隙度为 15.40%，以原生粒间孔和填隙物溶孔为主；塔中 122 井上三亚段储层总孔隙度为 17.10%，以填隙物溶孔和原生粒间孔为主；塔中 12-2 井上三亚段总孔隙度约 14%，以微孔、填隙物溶孔为主（图 5-21）。

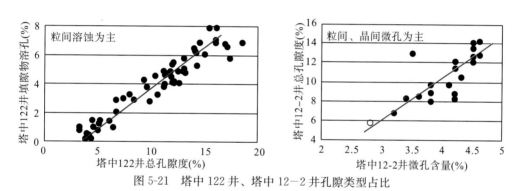

图 5-21　塔中 122 井、塔中 12-2 井孔隙类型占比

沥青砂岩不同于普通油层，在洗油前后沥青砂岩的孔隙结构、孔喉特征甚至物性都有明显的差异，通过洗油前后分析对比储层特征发现，洗油前由于沥青充填孔隙之间，造成镜下储层面孔率较低，虽然存在较大的孔隙，但由于沥青的充填，整体孔隙数量不多，并且造成多数吼道与孔隙的连通率降低，洗油后，溶剂对沥青的部分溶解，可出现大量的微孔、小孔，储层整体的面孔率增加不少，平均孔隙半径也增大，也可由此看出沥青对储层孔隙的影响作用。

二、物性特征

根据 4 个井区 8 口井 123 块样品的压汞物性分析数据统计了岩石的有效孔隙度和水平渗透率数值，下砂岩段有效孔隙度最大为 16.95%，最小值为 1.41%，平均值为 9.90%。其中塔中 117 井平均值为 12.20%，塔中 11 井平均值为 8.96%，塔中 12 井平均为 9.23%，塔中 16 井平均值为 7.31%，渗透率最大为 $278.80\times10^{-3}\mu m$，最小为 $0.03\times10^{-3}\mu m$，平均值为 $13\times10^{-3}\mu m$，其中塔中 117 井平均值为 $23.20\times10^{-3}\mu m$，塔中 11 井平均值为 $23.08\times10^{-3}\mu m$，塔中 12 井平均值为 $2.58\times10^{-3}\mu m$，塔中 16 井平均值为

$3.16 \times 10^{-3} \mu m$。按照碎屑岩储层评价标准，整体上而言塔中 12 井区志留统下砂岩段属于低孔低渗储层，局部可见中孔中渗储层(图 5-22)。

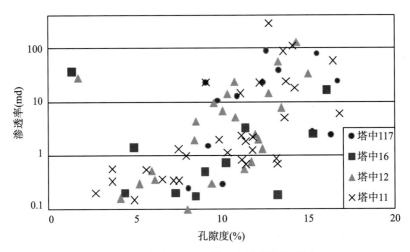

图 5-22　塔中 12～50 井区实测孔渗关系图

三、孔隙结构特征

刘绍平(1996)认为，塔中 12 井区下砂岩段的孔喉分布主要有 3 种类型：(1)单峰中喉型，毛管压力曲线初始段平缓，孔喉分选系数为 3.01～3.76，平均值为 3.29，排驱压力小于 0.12MPa，饱和度中值压力小于 1.1MPa，最大孔喉半径为 9.42～37.75μm，孔喉分布曲线形态为单峰负偏(图 5-23)；(2)单峰细喉型，毛管压力曲线初始段变化较大，孔喉分选系数为 2.38～3.62，平均值为 2.8，排驱压力为 0.10～1.20MPa，饱和度中值压力为 1.21～6.45MPa，最大孔喉半径为 0.20～4.28μm，孔喉分布曲线形态为前段正偏，尾巴的单峰负偏(图 5-24)；(3)单峰徽喉型，毛管压力曲线初始段较陡，孔喉分选差，分选系数一般小于 2.35，排驱压力较高，一般大于 1.75MPa，最大孔喉半径为 0.34～2.52μm，平均值为 0.51μm，孔喉分布曲线形态正偏(图 5-25)。

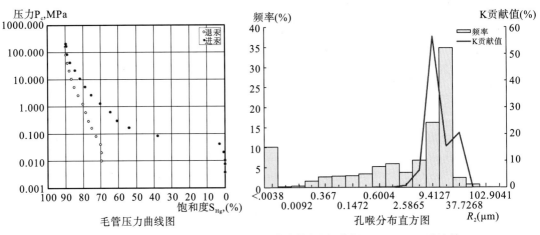

图 5-23　塔中 117 井沥青砂岩储层压汞曲线特征图(井深 4348.78m，洗油前)

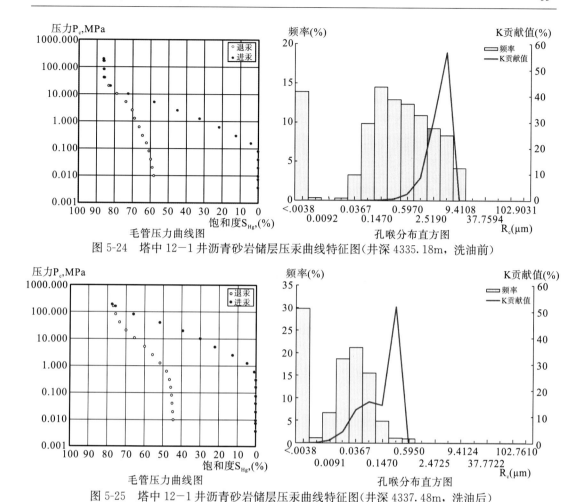

图 5-24　塔中 12-1 井沥青砂岩储层压汞曲线特征图（井深 4335.18m，洗油前）

图 5-25　塔中 12-1 井沥青砂岩储层压汞曲线特征图（井深 4337.48m，洗油后）

第四节　储层控制因素分析

　　储层受沉积相、成岩作用强度、成岩矿物充填方式、沥青充填等因素影响。储层砂体总体上具有低渗透致密的特征，并且随着埋深的增加，孔隙度具有降低的趋势，储层质量受沉积和成岩的双重控制，不同沉积微相的储层砂体碎屑矿物成分、碎屑结构、泥质含量等均不相同，导致成岩后期储层改造也差异明显，除此外本区沥青的含量多少也影响着储层质量的好坏。

　　沉积作用决定了储集砂体的发育特征，包括储集砂体发育位置、规模、砂岩组分、碎屑结构及泥质含量等，不同物源类型和沉积微相中发育的砂体的砂岩组分、碎屑结构以及泥质含量等具有明显差异，沉积作用决定了储集砂体的先决物质条件，并在一定程度上控制着孔隙演化特征；成岩作用中的压实作用、胶结作用及溶蚀作用是决定储层质量的重要因素，溶蚀作用对储层物性的贡献较大，压实作用为主要的破坏性成岩作用，是储层致密化的关键性因素，胶结作用尤其是碳酸盐胶结对已致密化的储层来说具有毁灭性破坏作用，构造、差异压实产生的裂缝和成岩缝能够大幅度提高储层的渗透率；成岩过程中的流体充注，例如含油气流体的充注成藏对储层孔隙起到了保存作用，也减缓了成岩作用的进程，后期沥青化作用导致油致密、黏度大，流动性减弱，则对整体孔隙起到明显的破坏作用。

一、沉积相对物性的控制

相控储层是塔中志留系显而易见的特征，通过对含油气砂岩的统计发现，含沥青、稠油、油浸、荧光显示等均是粒度较粗的潮下带及潮间带水下砂坝即潮汐水道（表 5-3、表 5-4、表 5-5）。所以说潮汐水道、水下砂坝砂体物性好，油气显示佳，是塔中地区优越的储集体。

当然，以上沉积微相差异体现在粒度上，宏观上表现为粒度对志留系储层的控制，储层基本为细砂岩以上粒度级别，而细砂岩中，只有泥质含量高或其中的泥质条带发育，均直接制约储层的物性进而影响储层中流体分布。统计结果显示，粒度越粗，其对应的孔隙度和渗透率值明显增大（表 5-1），中砂岩的孔隙度平均值为 12.40%，渗透率平均值为 $45.34 \times 10^{-3} \mu m^2$，而粉砂岩的平均值为 7.60%，渗透率却远远低于中砂岩的平均渗透率，不到 $5 \times 10^{-3} \mu m^2$，只有 $3.46 \times 10^{-3} \mu m^2$。

表 5-3 塔中志留系不同油气层物性统计

油气显示	孔隙度（%）			渗透率（$\times 10^{-3} \mu m^2$）		
	平均值	最大值	最小值	平均值	最大值	最小值
油层	12.50	20.67	5.38	39	469.90	1.01
油水层	12.40	19.27	2.67	43.90	347	0.13
差油层	10.90	16.75	3.07	9.90	66.90	0.06
干层	8.30	15.99	2.15	5.10	84.50	0.04

表 5-4 塔中志留系岩心观察不同油气显示层物性统计

油气显示	样本数	孔隙度（%）			渗透率（$\times 10^{-3} \mu m^2$）		
		平均值	最大值	最小值	平均值	最大值	最小值
油浸细砂岩	128	12.20	18.26	2.82	40.26	338	0.06
油斑细砂岩	362	9.10	17.33	1.11	11.89	670	0.02
油迹细砂岩	182	10.20	19.27	1.68	13.35	347	0.02
荧光细砂岩	35	8.70	15.96	2.66	2.83	27.80	0.02
沥青质细砂岩	181	11.20	20.70	1	83.93	2750	0.01
无显示细砂岩	384	8.80	20.67	0.06	9.54	433	0.01

表 5-5 塔中志留系不同沉积微相物性统计

沉积微相	孔隙度（%）			渗透率（$\times 10^{-3} \mu m^2$）		
	平均值	最大值	最小值	平均值	最大值	最小值
潮汐水道	10.40	19.27	2.04	20.45	446.61	0.02
水下砂坝	9.10	17.33	2.01	13.13	670	0.02
低潮坪水道	9.90	20.67	2.89	26.40	433	0.06
低潮砂坪	9.40	17.22	2.11	10.63	469.90	0.02
中潮坪水道	9	16.48	2.55	7.61	56.40	0.05
中潮混合坪	7.40	18.62	2.22	5.86	173.97	0.01
高潮泥坪	4.40	6.17	3.24	0.45	1.97	0.16

　　由此可见，粗粒储层的物性(尤其是渗透率)显著好于细粒级储层，细粒级储层一般为特低孔特低渗区域，而在相对高孔隙度、特别是高渗透率区域，一般均为细砂以上粒级储层。研究区细砂以下粒级储层(细砂—粉砂岩、粉砂岩)孔隙度一般小于8%、渗透率均小于$7 \times 10^{-3} \mu m^2$(且小于$1 \times 10^{-3} \mu m^2$的样品数较多)，无例外地均属特低孔特低渗储层。

二、成岩作用对物性的控制作用

　　石英含量与物性成正相关，石英含量为71%，孔隙度为9%；固体沥青占据了一定的孔隙空间，塔中11井区应该在实测孔隙度值上加上2.50%(孔隙度平均值为12.10%，面孔率为14.60%)；塔中12井区应该在实测孔隙度值上加上1.40%(孔隙度平均值为10.40%，面孔率11.80%)；高岭石含量小于1.80%，其与物性正相关；加大边小于4.30%，其与物性正相关；方解石胶结表现为增强储层非均质性，与物性关系不明显(图5-26～图5-29)。

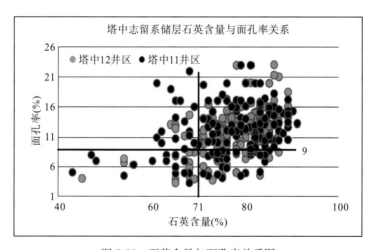

图 5-26　石英含量与面孔率关系图

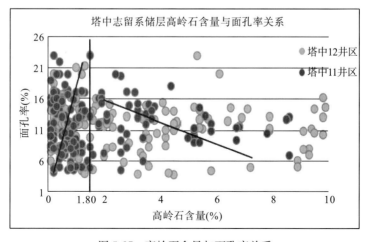

图 5-27　高岭石含量与面孔率关系

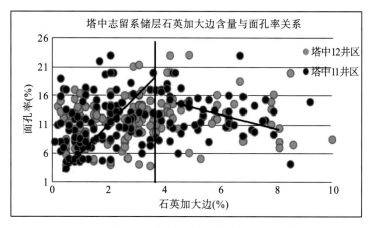

图 5-28　石英加大边含量与面孔率关系图

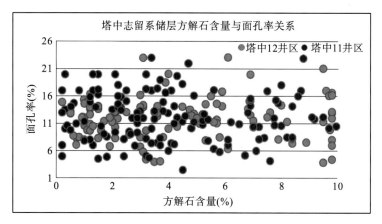

图 5-29　方解石含量与面孔率关系

塔中 122 井及塔中 117 井微观孔隙特征（面孔率统计结果）表明，塔中 117 井中原生孔隙保存好，总孔隙大；高岭石相对含量低，孔隙连通性好；塔中 122 井高岭石含量高，微孔发育，孔隙连通较差（图 5-30、图 5-31）。

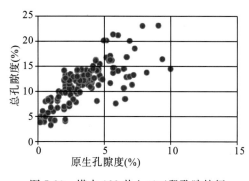

图 5-30　塔中 122 井上三亚段孔隙特征

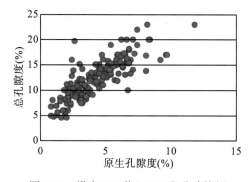

图 5-31　塔中 117 井上三亚段孔隙特征

三、关于溶蚀作用

在未被沥青充填的砂岩中，各类碎屑颗粒、黏土杂基及钙质、硅质胶结物等，在一定的成岩环境中都可不同程度地发生溶解作用，溶解作用即可形成砂岩的次生溶孔，对储层的物性起到建设性作用。溶蚀水体包括油气生成过程中形成的酸性水、黏土矿物转换过程形成的酸性水等。塔中 12 井区上砂岩段溶蚀作用较为发育，主要发育有粒间和粒内溶蚀孔，长石、岩屑及方解石胶结物溶蚀均较普遍，可进一步分为颗粒溶蚀和粒间胶结物溶蚀两种。其中颗粒溶蚀主要表现为长石的粒缘和粒内溶蚀（甚至是铸模孔）、岩屑边缘或粒内溶蚀以及石英颗粒边缘溶蚀等特点。同时可见填隙物溶蚀孔隙，一般高岭石交代和胶结物较多的部位，硅质及钙质、岩屑溶蚀均较为发育。塔中 11 井区物性好，统计结果表明其是原生孔隙起主控作用，证明原始沉积水动力条件强。而塔中 12 井区总体物性虽然也较好，但是差别较大，一是明显溶蚀作用较强，溶蚀产物已被带走；二是溶蚀作用也较强，但物质基础差，孔隙以微孔为主要特征（图 5-32）。

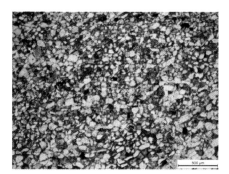

塔中 117 井，井深 4415.73m　　　　　　　塔中 122 井，井深 4339.41m

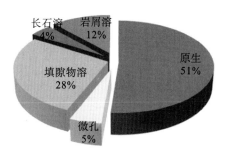
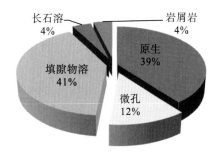

面孔率：23%，原生孔隙：11.80%　　　　　面孔率：23.10%，原生孔隙：9.10%

图 5-32　塔中 117 井和塔中 122 井孔隙类型含量对比

塔中 117 井上三亚段，总孔隙 20.10%，原生粒间孔隙占 41.80%；塔中 11 井上三亚段，总孔隙 15.40%，原生粒间孔隙占 42.90%；塔中 122 井上三亚段，总孔隙 17.10%，原生粒间孔隙 38%；塔中 12-1 井上三亚段，总孔隙 14%，微孔隙 32.60%（图 5-33、图 5-34）。

同时，纵向上统计显示在 4330~460m 井段，属于溶蚀区域，总孔隙度介于 0~20% 之间，高岭石含量低于 2%，微孔隙度范围在 2%~4%；同一深度上的沉淀区：高岭石 >1.80%，微孔 >30%。与高岭石含量和储层面孔率关系图相互验证，高岭石含量小于 1.80%，其与物性正相关，微孔发育（图 5-35、图 5-36）。

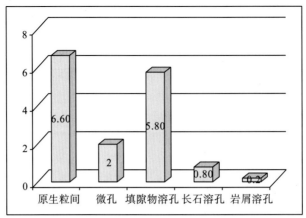

图 5-33　塔中 122 井上三亚段储层孔隙类型

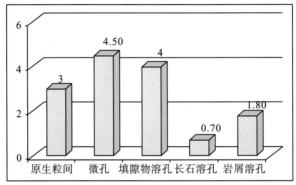

图 5-34　塔中 12-1 井上三亚段储层孔隙类型

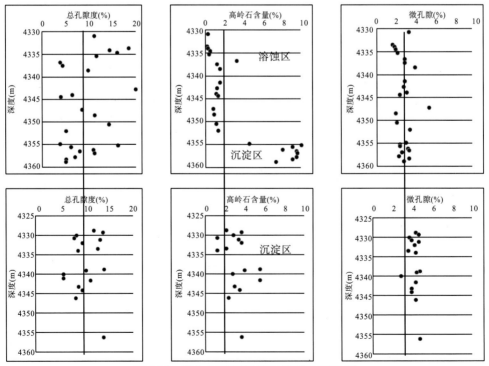

图 5-35　塔中志留系溶蚀区与沉淀区对比图

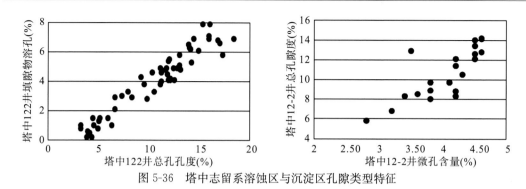

图 5-36　塔中志留系溶蚀区与沉淀区孔隙类型特征

第五节　储层孔隙演化

碎屑岩储层的孔隙类型有 3 种，即原生孔隙、次生孔隙及混合孔隙。其中，混合孔隙是指部分原生孔隙与部分次生孔隙组成的孔隙。例如，砂岩边缘受溶蚀形成的孔隙与原生孔的组合；在砂粒颗粒边缘的交代物溶解形成的次生孔隙与原生孔隙的组合；在砂岩颗粒边缘被交代时，经常与其相邻的粒内空间同时被同一种矿物所胶结，当这些自生矿物全部被溶解以后，就会形成混合孔隙。

初始孔隙度的计算公式为：

初始孔隙度＝20.91＋22.90/So(1.20、1.30、1.40)

通过计算得出以下数据：塔中 11 井的原始孔隙度为 39.20%，塔中 12 井的原始孔隙度为 38.50%，塔中 161 井的原始孔隙度为 37.30%；

通过统计塔中 11 井区、塔中 12 井区及塔中 161 井区的岩心样品的孔隙类型及孔隙度分布范围，得出以下数据：塔中 11 井的现存粒间孔隙度为 5.90%，塔中 12 井的现存粒间孔隙度为 5.10%，塔中 161 井的现存粒间孔隙度为 3.10%；

塔中各区志留系胶结物类型及含量统计见（表 5-6）。

压实系数的计算公式如下：

压实系数＝（原始孔隙度－现存粒间孔隙度－胶结物含量）/原始孔隙度）

进而得出：

塔中 11 区压实系数＝（39.20－5.90－9.40）/39.20＝60.90%

塔中 12 区压实系数＝（38.50－5.10－15.50）/38.50＝46.50%

塔中 161 区压实系数＝（37.30－3.10－5.30）/37.30＝77.50%

压实系数越接近于 1，表明在成岩作用过程中，随着埋藏深度的增加，压实作用明显，保护了大量的原生孔隙。胶结作用相对较弱者（胶结物含量小于 10%），压实作用使颗粒排列更为致密，从而使损失的孔隙量达 20.70%～26%；胶结作用相对发育者（胶结物含量大于 10%）的储层，压实作用损失的孔隙量平均 14.20%～22.10%，二者平均约差 5 个百分点。由此，可以得出，塔中 11 井区、塔中 161 井区，以原生孔隙为主。

表 5-6　塔中各井区志留系胶结物类型及含量统计表

井区	胶结物总含量(%)	硅质	方解石	白云石	高岭石	石膏	黄铁矿	样品数
塔中 11 井区	9.40	3.10	4.40	0.50	1.40	0	局部富集	192

续表

井区	胶结物总含量(%)	硅质	方解石	白云石	高岭石	石膏	黄铁矿	样品数
塔中 12 井区	15.50	3	7.10	1.30	3.20	0	局部富集	161
塔中 161 井区	5.30	1.10	3.10	0.40	0.80	0.70	少量	22

溶蚀作用是储层主要的增孔成岩作用,通过统计,塔中 11 区、塔中 12 区及塔中 161 区溶蚀矿物基本相同,但溶蚀强度不同(表 5-7)。

表 5-7 塔中各井区志留系易溶矿物溶蚀孔隙统计表

井区	次生溶蚀孔隙(%)	泥基溶	岩屑溶	长石溶	样品数
塔中 11 井区	5.70	4.10	0.50	1.10	192
塔中 12 井区	6	5.10	0.30	0.60	161
塔中 161 井区	3.30	2.70	0.40	0.20	22

另外,可以从剩余孔隙方面来描述储层的孔隙演化过程。剩余孔隙度的计算公式如下:

$$\Phi_{剩余} = \Phi_{初始} - \Phi_{成岩矿物破坏} - \Phi_{机械压实损失} + \Phi_{次生}$$

从而得出以下数据:

塔中 11 区 $\Phi_{剩余}$＝14.60％以原生孔隙为主

塔中 12 区 $\Phi_{剩余}$＝11.80％以混合孔隙为主

塔中 161 区 $\Phi_{剩余}$＝6.80％以原生孔隙为主

第六节 沥青对储层的影响

一、沥青的识别

(一)单偏光下沥青的识别

由于沥青的类型不同,其在单偏光下呈现的颜色亦不同,油质沥青主要分布于颗粒之间的孔隙中,在单偏光下呈现出棕黄色光泽(图 5-37),未固结,为均质体,正交偏光下应为全消光。随着氧化程度的加深,胶质沥青在单偏光下为深棕色,并且出现了分异作用,在正交偏光下出现波状消光,而固体沥青则为黑色或者深棕色,干涸沥青甚至还有收缩缝(图 5-38)。

(二)反光下沥青的识别

在单偏光下,部分黑色沥青与黄铁矿共生,黄铁矿容易误视为沥青,通过矿物产状和反光可将沥青与黄铁矿进行区分,黄铁矿由于具有金属特性,在反光下与沥青呈现不同的颜色,固体沥青反光下呈黑色油脂光泽,黄铁矿为金黄色,若发生褐铁矿化则呈红褐色。右图圈内部分为黄铁矿褐铁矿化(图 5-39)。

图 5-37　单偏光下胶质沥青(塔中 12 井，井深 4247m)

图 5-38　干沥青的收缩缝(塔中 117 井，井深 4449.06m)

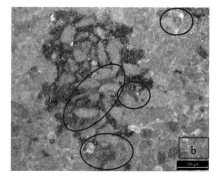

图 5-39　沥青及黄铁矿褐铁矿化(塔中 122 井，井深 4328.51m)

（三）荧光下沥青的识别

除了在单偏光下可通过颜色来判别沥青，更多的手段是通过荧光显微镜来鉴别沥青的产状及类型（图5-38）。可以通过荧光下沥青的颜色对沥青进行分类，轻质油为淡绿色，胶质沥青为棕黄色、棕色或深棕色光泽，固体沥青则几乎无荧光反应（图5-40、图5-42）。

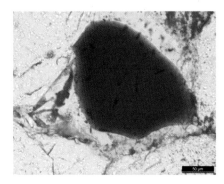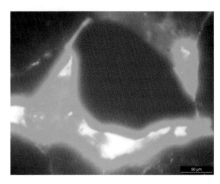

图5-40　胶质沥青及粒间孔隙轻质油（塔中117井，井深4420.02m）

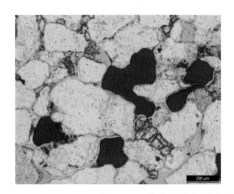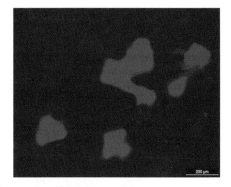

图5-41　棕色固体沥青沥青（塔中117井，井深4420.02m）

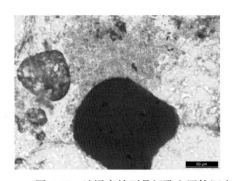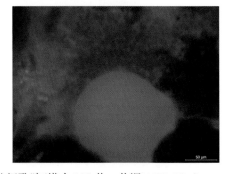

图5-42　油浸高岭石晶间孔和固体沥青充填粒间孔隙（塔中117井，井深4420.02m）

（四）电子探针确定流体成分

电子探针是一种微观的定量判断矿物成分的实验方法。对以上定性分析方法确有困难的样品，采用该定量分析结果显而易见，如对某怀疑油质样品，CaO含量分别为31.891％和30.469％，钙质含量高，成分鉴定为鱼骨，预期成分黄色油（表5-8）。

表 5-8 电子探针矿物成分及含量鉴定表

深度(m) \ 矿物成分	Na₂O	MgO	Al₂O₃	SiO₂	K₂O	CaO	TiO₂	Cr₂O₃	MnO	FeO	NiO	总计	预期成分	成分解释
4436.55	1.463	0.202	0.816	0.764	0.065	31.891	0.012	0.032	0	0.250	0.056	35.551	黄色油	实为鱼骨
4436.55	1.745	0.224	0.555	0.636	0.044	30.469	0	0	0.014	0.217	0	33.904	黄色油	实为鱼骨
4449.55	0.323	0.057	0.758	0.800	0.072	0.225	36.498	0	0.030	0.486	0	39.257	黑色油	黑色油
4449.55	0.090	0.028	2.054	0.329	0.029	0.105	0.468	0.014	0.001	0.101	0.029	3.248	红色油	红色油

（五）扫描电镜下沥青的特征

在显微镜下，通过薄片仅能看到沥青的某一光学特性，无法一窥其真实的空间形态，而通过扫描电镜来进行观察，则能更清晰直观地观察出沥青的产状和形态(图5-43)。其中的收缩缝特征明显。

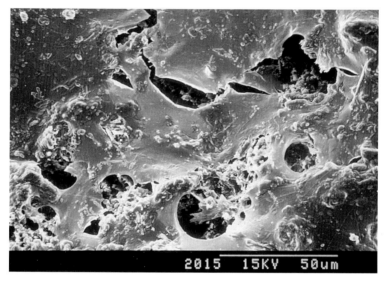

图 5-43 沥青的收缩孔和缝(塔中 117 井，井深 4433.97m)

二、沥青对储层的影响

沥青砂岩是古油藏破坏后形成的，在第一期烃类充注后，或多或少会对成岩作用起到抑制效果，不仅是胶结作用，溶蚀、交代等成岩作用也明显减缓，另一方面，随着油气的充注进入，造成了地层的整体还原性增强，形成了其他部分次生矿物（如黄铁矿等）也加剧了储层的致密化；其次，在后期的油层破坏中，沥青固化后堵塞大部分孔隙空间和吼道，造成储层整体致密化程度进一步增强。

塔中志留系沥青有两种类型，一类是固体沥青，以油膜或粒间充填的方式，这类沥青显微镜和扫描电镜均见明显的氧化收缩缝，荧光显微镜下基本为黑色或棕色，反映其中的油质在氧化过程中逸散殆尽，剩下基本为不可动的固体组分；其二类称胶质沥青，这里明确一下胶质沥青的定义：分布于孔隙和微孔中，区别于固体沥青，薄片下见浸染边，在一定开采技术条件下可动的黏度高、密度大的原油，本论著中也等同于稠油。主要分布于粒间孔及微孔内，电子探针表明其余第一类有成分差异，普通显微镜和岩心手标本上也见明显的颜色分层，荧光显微镜更是见明显的浸染边，反映其潜在可动的特点（图5-44）。

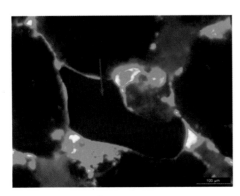

粒间固体沥青　　　　　　　　　　　　　　胶质沥青-浸染边
（塔中11井，井深4433.97m）　　　　　　　（塔中122井，井深4330.48m）

图5-44　塔中志留系两类沥青荧光显微镜下特征

注：TZ11为塔中11井；TZ122为塔中122井。

当然，对胶质沥青来讲还有一个办法是洗油，通过洗油前后孔隙度的测定可以间接地反映胶质沥青含量的多少（图5-45）。

考虑薄片下固体沥青与胶质沥青的估值、洗油前后的物性分析结果、测井解释及石油结果，初步形成塔中11井区、塔中12井区孔隙度计算模型：

塔中11井区孔隙度计算模型

实测孔隙度值（平均12.10%）＋固体沥青（1.50%）＋洗出胶质（1%）＝14.60%

塔中12井区孔隙度计算模型

实测孔隙度值（平均10.40%）＋固体沥青（0.20%）＋洗出胶质（1.20%）＝（11.80%）

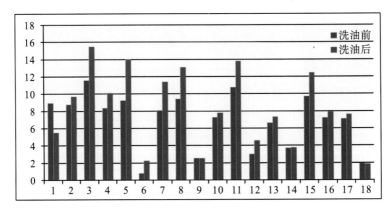

图5-45　塔中志留系洗油前后样品孔隙度变化

注：1~4号样为塔中11井区；5~16号样为塔中12井区；其余为塔中16井区样品。

综合考虑储层自身演化特点及不同期次沥青的作用，建立以下储层演化序列（图 5-46）。

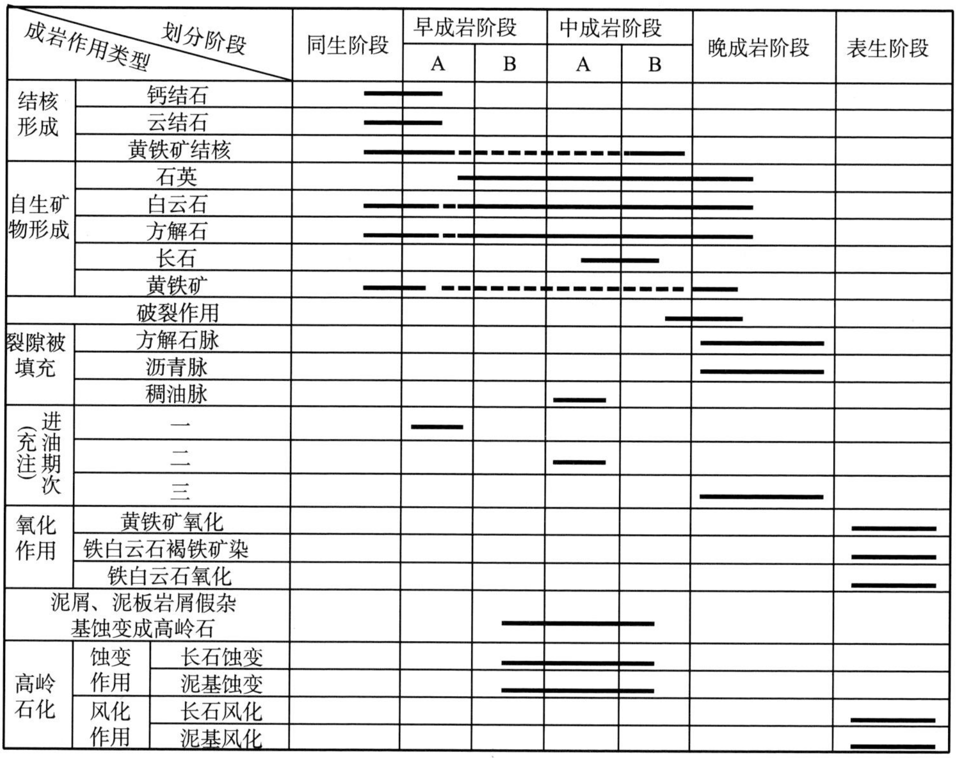

成岩作用类型 / 划分阶段		同生阶段	早成岩阶段 A	早成岩阶段 B	中成岩阶段 A	中成岩阶段 B	晚成岩阶段	表生阶段
结核形成	钙结石	▬						
	云结石	▬						
	黄铁矿结核		┄┄┄	┄┄┄	┄┄┄	┄┄┄	┄┄	
自生矿物形成	石英			▬▬▬	▬▬▬	▬▬▬	▬▬	
	白云石			▬▬▬	▬▬▬	▬▬▬	▬▬	
	方解石			▬▬▬	▬▬▬	▬▬▬	▬▬	
	长石				▬			
	黄铁矿	┄┄	┄┄┄	┄┄┄	┄┄┄	┄┄┄	┄┄	
裂隙被填充	破裂作用						▬	
	方解石脉						▬	
	沥青脉						▬	
	稠油脉				▬			
进油期次（充注）	一	▬						
	二				▬			
	三						▬	
氧化作用	黄铁矿氧化							▬
	铁白云石褐铁矿染							▬
	铁白云石氧化							▬
高岭石化 蚀变作用	泥屑、泥板岩屑假杂基蚀变成高岭石		▬▬▬	▬▬▬	▬			
	长石蚀变		▬▬▬	▬▬▬	▬			
	泥基蚀变		▬▬▬	▬▬▬	▬			
高岭石化 风化作用	长石风化							▬
	泥基风化							▬

图 5-46　塔中志留系沥青砂岩综合成岩演化

本章在描述储层特征及控制因素时，提及了沥青、胶质沥青等概念及分布样式，其详实的识别分类，对储层的影响和作用将在下一部分内容中阐述。

第六章　沥青砂岩储层中的流体特征

砂体的落实也好，储层的特征及控制因素的研究也好，目的都是为了研究流体在其中的分布产状及富集规律。塔中志留系总体成岩作用对近 5000m 的埋深来讲，并没有想象中的强成岩，原因是否与其中流体有关？俗话说："气过不留痕"，油过会不会有痕迹呢？前面无论是岩心观察、各类显微薄片下、电镜扫描下均可见不同产状、不同类型及演化程度的油质与无机成分相依，显然答案是肯定的。由于该工作需要大量连续的岩屑、岩心样品作为支撑，因此，尽管众多研究者已经从各种角度对该沥青砂岩中的流体进行了研究，但是均不够全面和系统。本文从微观角度对油气的产状及富集进行了较为全面和充分的讨论，该研究方式、思路可能在国内外都属于首次，可能考虑不周或与实际有出入的地方在所难免，但至少是为微观油气研究提供了一次新的思路。

第一节　宏观成藏期次研究

成藏研究主要依据地球化学资料，分析认为存在三期油气充注：加里东晚期至海西早期是中下寒武统烃源岩的主要成藏期，形成的油藏在海西早期破坏严重，主要表现为志留系沥青砂岩和奥陶系沥青灰岩；海西晚期是塔里木盆地油藏的主要形成时期，该期形成的油藏有破坏、有保存，而在塔中地区形成的油藏主要在后期发生调整再成藏；燕山－喜山期是塔中地区源自中上奥陶统油气的聚集期和源自寒武系烃源岩原油裂解气的聚集期，也是油藏的主要调整时期(表 6-1、表 6-2)，本次的地化资料也支持该三期次的观点(图 6-1)。油藏形成似乎与储层品质有直接关系(表 6-3)。

资料分析认为，上亚段油藏，比重为 $0.7937\sim0.8458(20℃)/g\cdot cm^{-3}$，下亚段的比重为 $0.9467\sim0.9986(20℃)/g\cdot cm^{-3}$，可知上亚段油藏为轻质油，而下亚段油藏为重质油，并且下亚段油藏黏度远比上亚段的大，且胶质、沥青质含量高，从另一方面反映出该处油质属于稠油范畴。

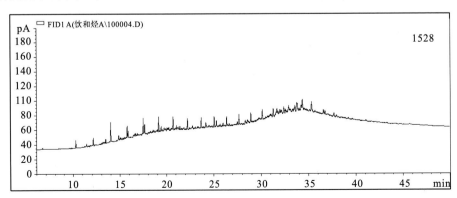

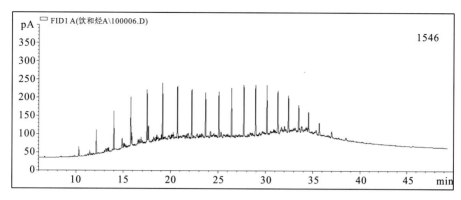

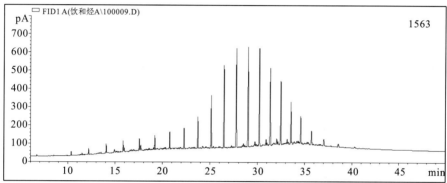

图 6-1 塔中地区志留系沥青砂岩典型色谱图

注：上图为塔中 12 井上三段，井深 4383.12m；中图为塔中 12-1 井上三段，井深 4337m；下图为塔中 122 井上一段，井深 4195.05m。

表 6-1 塔里木盆地志留系成藏期次前人研究成果

期次	目前表现形式	包裹体	伊利石测年	来源
加里东晚期－海西早期	奥陶系灰岩沥青、志留系沥青；奥陶系灰岩中的稠油	奥陶系：50～85℃志留系：不见该期包裹体(未成岩)		中下寒武统
海西晚期	正常油－轻质油(与后期注入的油混合)；稠油－正常油(早期油气调整，或与早期充注油气混合)	奥陶系：90～110℃志留系：62～74℃石炭系：50～75℃	石炭系：最早充注时期246～278Ma	中下寒武统中奥陶统
燕山晚期－喜山期	正常油－轻质油(与早期注入的油气混合)；天然气	奥陶系：110～140℃志留系：90～115℃石炭系：90～110℃	石炭系：最早充注时期64.50～79.30Ma	中下寒武统中上奥陶统古油藏裂解

表 6-2 塔中 11 井区志留系井段油藏的基本特征

物性	上亚段油藏	下亚段油藏
比重((20℃)/g・cm^{-3})	0.7937～0.8458	0.9467～0.9986
黏度(mPa・s)	1.03～3.09(50℃)	42～453，最高 1297(80℃)
凝固点(℃)	－28～－35	－10～＋25
含硫量(%)0.26～0.62	0.66～1.34	
含蜡量(%)0.69～1.89	3.25～7.47	
胶质＋沥青质(%)	1.48～1.61	24.21～39.81
初馏点(℃)＜100	＞100	

资料来源：参见文献[33]。

表 6-3　塔中 37 井志留系沥青砂岩和非沥青砂岩孔隙度对比表

样品（对）	1	2	3	4	5	6
沥青砂孔隙度（%）	14.10	11.03	18.20	14.80	20.20	19.20
"白"砂孔隙度（%）	13.40	4.90	9.81	14.40	12.10	16.10

资料来源：参见文献[33]。

第二节　流体类型划分

本次研究将在此基础上从微观地质视角入手，结合地化、包裹体资料，识别流体类型。本次工作共识别出 3 种类型流体，并首次在塔中志留系储层中用含油薄片展示了不同类型流体特征。

为了探讨塔里木盆地志留系沥青砂岩的成因和演化期次，刘洛夫（2001）研究了该套沥青砂岩中沥青的表观特征、显微特征、沥青反射率和荧光特征，并分了灰黑色至褐灰色干沥青、软沥青和稠油 3 种类型（表 6-4）。可见不同演化程度的沥青，荧光强度有较大差别，因此，在本文使用的研究工具中，荧光显微镜显得尤为重要。

表 6-4　志留系沥青砂岩中沥青反射率与荧光参数值

井号	深度(m)或取样位置	BRo(%)	红绿比	N/nm	荧光最大强度(10^3)
TZ4	$17\frac{70}{74}$	0.20	3.40	700	16
	3674.04	0.51	—	—	—
TZ401	3863~3880	0.35	—	—	—
	3880~3897	0.19	—	—	—
TZ10	4212.40		1.29	576	13
	4819.20	0.36	2.16~3.08	592~612	11
TZ11	4128.87	—	1.93~1.90	618~700	16
	4248	—	2.69	622	5
	4313	0.45	—	—	—
	4407	0.45	—	694	2
	4409.50	—	5.04~6.96	671~700	3~4
	4421.30	—	2.13	622	18
	4441.80	—	3.36~1.02	679~547	10
	4453		9.19	700	6
	4461.30	—	3.48~3.82	679~663	6~7
TZ12	4017.84	—	2.87	700	9
	4246.80	—	0.41~1.85	700~66	3
	4248	—	2.78~2.70	655~65	15~25

续表

井号	深度(m)或取样位置	$BRo(\%)$	红绿比	N/nm	荧光最大强度(10^3)
TZ12	4376.21	0.45	0.116	—	—
	4379.47	—	1.42~2.60	609~700	7~19
	4384.81	—	3.92	700	7
	4413.18	0.36	—	—	—
TZ18	4441.80	—	3.36~1.02	679~547	10
	4755	2.55	—	—	—
TZ30	4263	0.22	—	—	—
TZ31	4583.60	0.35	—	—	—
	4592.34	0.20	—	—	—
TZ33	4605.78	0.27	—	—	—
	4633.93	0.29	—	—	—
	$3\frac{86}{105}$	0.20	—	—	—
TZ37	4689	0.27	—	—	—
	6065~6083	0.34	—	—	—
Ha1	6085~6101	0.38	—	—	—
	6093.95	0.41	—	—	—
	6239.80	0.31	—	—	—
	6320.70	—	0.99~1.04	532~556	8
YN1	5860.40	0.27	—	—	—
柯坪	上部	0.86	—	—	—
	下部	0.74~0.81	—	—	—

通过显微镜下能观察到以下现象：黏土矿物多吸附稠油，荧光下呈褐色，扫描电镜下呈片状分布的绒丝状；充填在溶孔中的沥青，荧光下其孔隙中心部位呈黑色，典型的固态沥青，也有向边缘颜色变浅，过渡为轻质油的分布样式。孔隙周围颗粒表面均有浸染，且浸染强度较强，呈黄色、蓝绿色，以胶质沥青为主；粒间还见亮黄色的荧光的可动轻质油。

因此，这里分3种流体类型加以讨论：包含固体沥青(不可动)、胶质沥青或稠油(可动)、可动轻质油等，塔中11井区以第一、二、三类均可见，塔中12井区以二、三类为主。通过大量显微镜下单偏光、荧光薄片分析可见，干沥青、稠油和轻质油共存，粒间孔隙及胶结物中均有沥青充填。塔中11井区的沥青多为不可动的固体沥青，而塔中12井区的沥青则多为可动的胶质沥青(稠油)。

一、固体沥青

将沥青赋存的微观产状划分为：

充填状。以固态沥青为主，多充填于石英或长石颗粒的粒间孔中，少量分布在由于石英或长石颗粒次生加大而形成的剩余粒间孔中，这种产状的沥青较纯净，镜下见明显的氧化开裂缝，荧光显微镜下基本不发光(图6-2)。

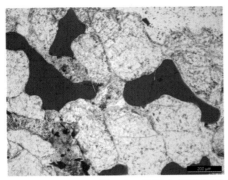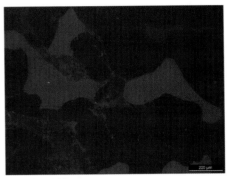

图6-2　砂岩中充填状沥青(塔中117井，井深4448.78m)
注：上图为普通显微镜，下图为荧光显微镜。

浸染状。以固体沥青为主，胶质沥青浸染状环绕，因黏土矿物本身的特殊性，沥青多浸染在颗粒之间的黏土杂基或泥质岩屑中，与黏土一起构成沥青-黏土基质，部分浸染在颗粒边缘包围的黏土薄膜中，少量浸染在燧石颗粒中以及石英次生加大的起始处。

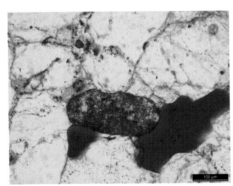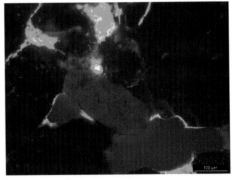

图6-3　砂岩中浸染状沥青(塔中117井，井深4448.78m)
注：上图为普通显微镜，下图为荧光显微镜。

二、胶质沥青

同固体沥青一样，胶质分子量较大，碳氢比为7~9，结构同样较为复杂，比较而言沥青只是结构更加复杂、分子量更大、碳氢比为10~11左右，多呈固态，并可见裂纹。迄今为止，关于胶质沥青质尚没有确切的定义。它不是具有明确地质意义的一种物质，也不是按化学性质或结构划分的一种化合物，而是一类杂散的、无规则的有机地质大分子，胶质沥青质一般是指石油中不溶于正戊烷或正庚烷而可溶于苯或甲苯的一类特定组分。胶质沥青在塔中12井区较为常见，多见于塔中12井、塔中12-1井、塔中122井等井内。如塔中12-1井中见粒间充填胶质沥青，外部荧光为橙黄色、内部荧光为暗棕色(图6-4)。

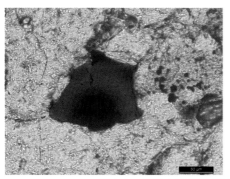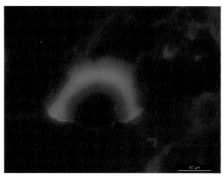

图 6-4　砂岩中的胶质沥青(塔中 12-1 井，井深 4322.81m)

注：上图为普通显微镜，下图为荧光显微镜。

三、可动(轻质)油

可动(轻质)油一般定义为目前开发工艺条件下可采出的那部分流体，在本区的定义是相对于黏度大、密度大、可动性较差的稠油、沥青而言可相对自由流动、可驱动的密度相对较小的轻质。可动油从荧光反应来看，包含有棕黄色稀油(Ⅰ)和浅黄色轻质油(Ⅱ)两类。如塔中 12-1 井中样品显示的亮橙黄色荧光(图 6-5)和塔中 117 井中样品显示的亮绿色荧光(图 6-6)。

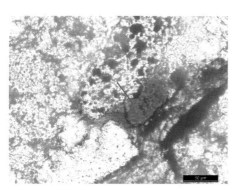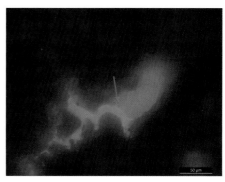

图 6-5　砂岩中粒间孔隙可动油Ⅰ(塔中 12-1 井，井深 4336.57m)

注：上图为普通显微镜，下图为荧光显微镜。

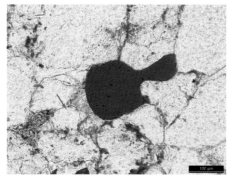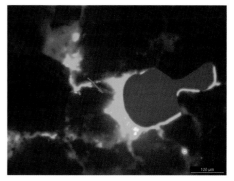

图 6-6　沥青砂岩粒间孔隙可动油Ⅱ(塔中 117 井，井深 4448.78m)

注：上图为普通显微镜，下图为荧光显微镜。

第三节　含油气流体的期次与识别

含油气的储层在构造抬升后地层遭受剥蚀过程中，高部位油层接近地表或直接出露于地表，油气直接散失于地表，遭受氧化，形成沥青。

一、沥青的成因

含油气的储层在构造抬升后地层遭受剥蚀过程中，高部位油层接近地表或直接出露于地表，油气直接散失于地表，遭受生物降解、大气淡水淋滤并被氧化，形成沥青、胶质。另外，未暴露地表的油气层由于轻质组分的加速散失，导致重质黏度大、密度大的组分残留孔隙内。刘洛夫(2000)在对志留系碎屑岩储层的研究过程中提出存在表生-浅层氧化沥青、储层分异沥青、蒸发分馏沥青、水洗沥青、热变质沥青 5 种成因类型。表生-浅层氧化沥青是指在油层露头区或油层位于近地表处，由于挥发、氧化、水洗和生物降解等作用而形成的一些焦油状沥青质重油以及固体浅层氧化沥青或硬质沥青；储层分异沥青系指在油气二次运移的汇聚区(隆起带、局部构造带)，呈珠状或链状的烃类在运移和聚集过程中，因储层物性变化、重质组分滞留和轻质组分散失而形成的沥青或稠油；蒸发分馏沥青是指晚期生成的轻质石蜡族烃与早期生成的正常原油或稠油相混，造成不稳定状态，这两类物质不能共存于同一相态内，这种不相溶性只有经过沥青从液态石油中析出来解决，这种分离过程获得的沥青只含少量饱和烃，该饱和烃可能是沥青组分沉淀时夹带进来的；水洗沥青系指油层或油气藏底(油水过渡带)因水洗作用而形成沥青或稠油；热变质成因即由火成岩活动热烘烤而形成的沥青，主要体现在高温炙烤、热降解、热液流体带走轻质组分 3 个方面的作用，从而导致油气沥青化。塔中志留系中的沥青，为油气早期充注之后，抬升至氧化界面附近而造成的油质沥青化，与成熟度高的沥青产状有明显的差异，沥青的干裂收缩纹等现象无疑是支撑这一观点的不二证据。

二、沥青的产状

在显微镜下，沥青的微观特征更加清晰可见，主要有两种类型：薄膜状和充填状。薄膜状的沥青主要包括油浸高岭石(图 6-7)，而充填状沥青就是粒间孔隙内和粒内溶孔中充填的沥青(图 6-2)。

三、固体沥青对孔隙空间影响

一般认为烃类充注对储层具有建设性意义，一方面烃类充注过程带来的酸性流体能够在一定程度上选择性溶蚀砂体中早期沉淀的泥晶方解石、长石及岩屑等，并将溶蚀的产物带到连通性不好的位置，局部提高储层的孔隙度和渗透率；另一方面，烃类充注后将原来较大的水岩反应体系分隔为若干小的水岩体系，并一定程度上改变了储层颗粒表面的润湿性质，由亲水变为亲油、弱亲油，这样会导致原有利于水岩反应的水膜逐渐消失，抑制成岩过程的胶结、溶蚀作用发生，起到影响储层物性的作用；后期的烃类氧化、热作用致使烃类固化沥青化，则对储层主要起破坏作用，导致有效孔隙空间减小，不利于下一期油气充注。

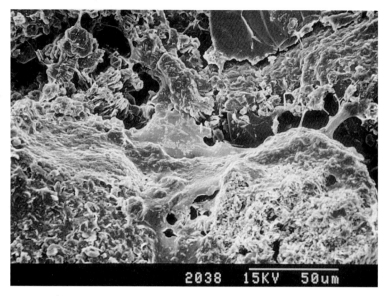

图 6-7　砂岩中典型沥青膜(塔中 117 井，井深 4446.67m)

塔中 117 井，井深 4442.65m，洗油前孔隙度为 8.40%，渗透率为 3.90md；洗油后孔隙度为 10.10%，渗透率为 5.30md，而测井解释的物性孔隙度仅为 9.60%。通过薄片图像分析、统计，发现除了能用有机溶剂洗出来的油质以外，还有一部分孔隙是被完全沥青化的固体沥青所占据(图 6-8、图 6-9)。

由此认为：总孔隙度＝面孔率＝洗油孔隙度＝洗油实测孔隙度＋固体沥青。

塔中 11 井区应该在实测孔隙度值上加上 2.50%(孔隙度平均值为 12.1%，面孔率为 14.60%)；塔中 12 井区应该在实测孔隙度值上加上 1.40%(孔隙度平均值为 10.40%，面孔为率 11.80%)。这在第五章固体沥青对储层的影响中描述过。

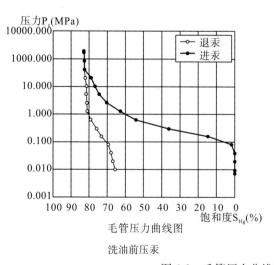

洗油前压汞

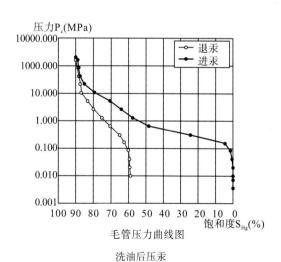

洗油后压汞

图 6-8　毛管压力曲线图洗油前后对比(ZP9)

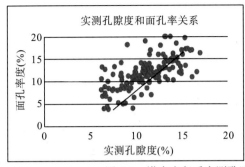
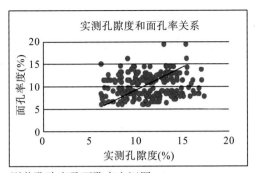

图 6-9　塔中志留系实测孔隙度、测井孔隙度及面孔率交汇图

四、流体期次划分与识别

（一）岩心观察

根据油层产状相互穿切，可划分和识别出三期。塔中 11 井区观察的岩心都是属于一期的，而在塔中 12 井区，一个岩心柱子上同时能划出三期，如图红色箭头所示（图 6-10）。

图 6-10　塔中 11 井区与塔中 12 井区油藏不同期次的岩心观察

（二）镜下反光

反光下油质颜色不同，表现出不同期次的油具有不同的成分（图 6-11）。左图上，右边深棕色为稠油，大部黑色部分疑为黄铁矿，右图为该视域下的反光，可见左下方反光下黄色，可判别为黄铁矿，但大部分仍为黑色，可见是沥青。即反光下可区分出沥青与稠油。

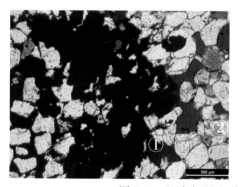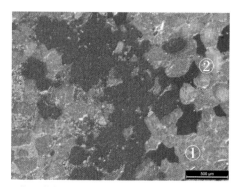

图 6-11　沥青与稠油(塔中 117 井，井深 4449.55m)

(三)与成岩序列的关系

成藏期次与成岩序列的关系，可以通过在显微镜下、荧光下来判别。本区通过显微镜下偏光与荧光薄片的观察发现，沥青、稠油既有石英加大边形成之前的充注，也有石英加大之后的充注，油气充注具有多期次，与方解石的关系则有不同，方解石胶结物的边缘溶蚀后充填，形成于方解石溶蚀作用产生的溶蚀孔内，晚期形成的白云石晶内无明显的沥青、稠油包体。这说明充注时间早于铁白云石的形成，而与高岭石共生较多的沥青、稠油则反映了充注时间晚于高岭石的形成时间。贴粒油膜属于一期成藏；加大边－粒间孔隙油、沥青化稠油属于二期。成藏，黏土被油浸染；而云泥重结晶形成粉晶白云石晶间孔隙油、溶缝内油属于三期成藏(图 6-12～图 6-15)。

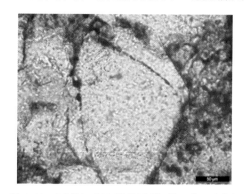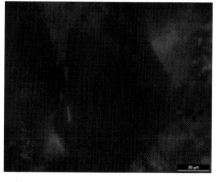

图 6-12　石英加大边贴粒油膜(第一期)及粒间孔隙油(第二期)(塔中 12－2 井，井深 4331.76m)

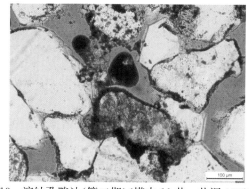

图 6-13　溶蚀孔隙油(第二期)(塔中 11 井，井深 4332.25m)

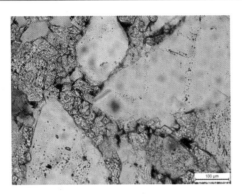
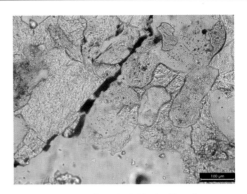

图 6-14　云泥重结晶形成粉晶白云石，晶间孔隙油
（第三期）（塔中 11 井，井深 4332.25m）

图 6-15　溶缝内充填油（第三期）
（塔中 11 井，井深 4314.46m）

（四）荧光

油质颜色不同，表现不同期次的油具有不同的成分。第一期绿色荧光的油质为轻质油，而荧光为黄棕色的部分为沥青（图 6-16）。

在此基础上对取芯井建立了取心段油气期次划分序列（表 6-5～表 6-8）。另外，讨论了塔中地区下志留系储层成岩作用类型序次及进油期次间匹配关系。

认为塔中志留系三类流体分布特点如下：

一类：三种产状——（1）碎屑颗粒沿边油膜：常伴后期成岩加大边；（2）稠油：古构造位置相对较低，早期油藏有限抬升，荧光呈棕黄色；（3）沥青：古构造位置相对高，早期形成油藏只有抬升至氧化界面形成，为典型沥青砂岩，沥青完全无荧光。

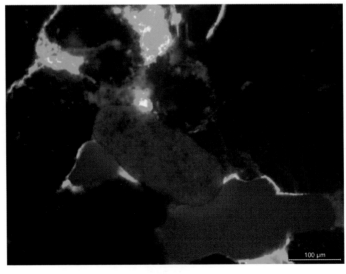

图 6-16　轻质油与沥青（塔中 117 井，井深 4448.78m）

二类：两种产状——（1）大量稠油；（2）粒间孔隙油或油浸黏土，该类型表明两个方向，要么成岩作用强，要么储层本身物性差。

三类：三种产状——（1）来源于上奥陶统的轻质油，往往发育于原生孔隙好的构造优势区；（2）油浸黏土或胶结物晶间孔油浸；（3）裂缝充填油。

这里，为研究油气分布聚集，还有一个工作，就是微观含油饱和度的估计含油，用以下 3 种方法：

（1）直接从含油薄片中统计油质所占据孔隙的百分比；

（2）比对普通薄片和铸体薄片，普通薄片统计值＋测井含油饱和度值；

（3）从洗油前后孔隙的增加量算入总孔隙的百分含量。

统计数量一并列于表 6-5～表 6-8 中，尽管与实际资料可能有出入，但是至少为微观含油做出一个定量评价。

表 6-5　塔中 A 井志留系砂岩取芯段储层流体微观特征

编号	总孔隙度（%）	渗透率（md）	原生孔隙度（%）	流体类型			流体赋存状况						微观含油丰度（%）
				第一类	第二类	第三类	沥青	油膜	加大边外油	粒间油	晶间油	充填裂缝油	
9	13	44.54	3.50	√	√					○	＊		52
10	4.10	0.15	2.10	√	√					○	＊		50
11	11.60	0.34	5.50	√	√					○	＊		70
12	12.70	0.10	3.10	√	√					○	＊		65
13	13.10	4.82	3.50	√	√					○	＊		37
15	14	4.88	6.10	√						○	＊		67
16	10.60	0.53	2.60	√						○	＊		59
17	10.30	28.94	3	√						○	＊		46
18	10.90	0.61	4	√	√				◎	⊙	○	＊	52
19	14.40	24.22	10	√	√					○	＊		42
20	16.40	49.22	9.40	√	√					○	＊		38
22	13.70	21.80	8.20	√	√				◎		○	＊	67
23	4.40	0.06	2.10	√	√				◎		○	＊	32
24	12.30	1.73	4.90	√	√					○	＊		41
25	12.80	6.74	6.70	√	√?	√			◎		○	＊	45
26	14.50	8.41	10.20	√	√	√	●				○	＊	60
28	11.20	0.46	4.60		√					○	＊		24
29	12.40	0.63	3.80		√					○	＊		43
30	13.60	3.85	5.70	√	√				◎	⊙	○	＊	63
31	14.60	8.17	5.70	√					◎	⊙	○	＊	35
32	14.40	15.70	6.50		√						＊		56
33	12.90	35.60	6.90		√						＊		46
34	13.20	7.67	7.20		√						＊		38
35	9.80	5.35	3.20	√	√					○	＊		39
36	8.40	0.31	2.70	√	√					○	＊		24

表 6-6　塔中 A−1 井志留系砂岩取芯段储层流体微观特征

编号	总孔隙度（%）	渗透率（md）	原生孔隙度（%）	流体类型			流体赋存状况						微观含油丰度（%）
				第一类	第二类	第三类	沥青	油膜	加大边外油	粒间油	晶间油	充填裂缝油	
1	23	150	7.90		√	√			⊙	○	*		43
2	14	36.20	4		√	√			⊙	○	*		24
7	6	0.02	1.20			√					*		18
8	14.10	5.92	4.10		√	√				○	*		25
11	16	17.90	4.40		√	√				○			20
15	7.60	0.06	2.40		√	√				○	*		26
16	14	34.30	4		√	√				○			26
20	11.50	4.91	3.10		√	√			⊙	○	*		23
21	14.40	3.45	4.20		√	√	◎		⊙	○	*		38
22	12.10	1.21	3.60		√	√				○	*		17
23	20.10	21.70	5		√					○			12
31	10	0.88	1.60		√					○			15
32	11.50	0.64	1.20	√	√	√	●	◎			*		35
33	16.20	1.42	5.50		√					○			14
38	6.70	0.02	1.50			√					*		16
41	12.20	0.07	2		√					○			18
43	13.10	0.97	2.30		√	√				○	*		19
46	12	1.96	3.60		√	√				○	*		29
47	12.10	0.97	3.50	√		√	●				*		26
48	13.20	1.68	3.80		√		◎			○			28
50	8.50	0.14	1.50			√					*	Ⅲ	21

表 6-7　塔中 B 井志留系砂岩取芯段储层流体微观特征

编号	总孔隙度（%）	渗透率（md）	原生孔隙度（%）	流体类型			流体赋存状况						微观含油丰度（%）
				第一类	第二类	第三类	沥青	油膜	加大边外油	粒间油	晶间油	充填裂缝油	
9	10.40	3			√					○			26
10	9.30	2.50			√	√		◎		○	*		50
11	15.40	4.70		√	√	√	●			○	*		38
12	16.80	6.70				√			⊙	○	*		29
13	16.70	5.20			√	√	◎		⊙	○	*	Ⅲ	40
14	14.20	3.70			√	√				○	*	Ⅲ	29
15	12.90	3.30				√							25
16	6.70	1.50		√	√	√	●	◎		○	*		51
17	15	4.20			√					○	*		66

续表

编号	总孔隙度（%）	渗透率（md）	原生孔隙度（%）	第一类	第二类	第三类	沥青	油膜	加大边外油	粒间油	晶间油	充填裂缝油	微观含油丰度（%）
18	7.40		2.40		√	√				○	*		55
19	13.10		2.10	√	√	√	●	◎		○	*		43
20	11.20	1.15	2.10		√			◎					41
21	10.60	1.38	4.10		√	√		◎		○	*		48
22	11.80	5.13	4.10		√					○			25
23	18.50	57	7.30		√	√		◎		○	*		20
24	14.50	55.40	4.60	√	√	√		◎	⊙	○	*		55
25	16.10	4.04	5.60		√	√				○	*		26
26	11.70	31.50	4.10		√	√				○	*	Ⅲ	45
27	12.50	64.40	4.80		√					○	*		20
28	4.40	0.15	1	√		√	●				*		41
29	9.90	0.22	2.90		√			◎		○			33
30	12.10	1.85	4.10			√	●	◎	⊙	○	*		50
31	16	3.63	5.40		√	√				○	*		19
32	12.20	52.60	4.10			√					*	Ⅲ	8
33	23.10	51.70	9.10		√	√				○	*		31
34	20	23.70	6.90		√	√		◎		○	*		35
35	6.40	0.29	2			√					*		20
36	4	2.58	0.50			√						Ⅲ	10
37	13.10	10.60	4.70		√			◎		○			30
38	11.90	1.93	3.80		√			◎					40
39	14	6.14	4.50		√	√				○	*		41
40	12.60	3.92	4.30		√	√		◎			*		38
41	8.50	0.68	1			√					*		15
42	12	10.90	3		√	√				○	*		15
43	16	33.20	5.40		√	√			⊙	○			15
44	11.30	6.06	3.80		√	√				○	*		28
45	21.10	36.20	6.10		√	√				○	*		27
46	21.30	33.80	5.70		√	√				○	*		26
47	13.20	1	3.90		√	√					*	Ⅲ	25
48	14.30	8.62	3.30		√				⊙	○			32
49	4.60	8.60	0.20			√					*		19
50	5.10		0.30			√					*		38
51	12	3.23	2.90		√	√		◎		○	*		31

续表

编号	总孔隙度（%）	渗透率（md）	原生孔隙度（%）	流体类型			流体赋存状况						微观含油丰度（%）
				第一类	第二类	第三类	沥青	油膜	加大边外油	粒间油	晶间油	充填裂缝油	
52	11.10	4.55	2.50	√	√					○	*		35
53	11	5.24	2.10	√	√					○	*		20
54	20.10	5.22	5.20	√	√					○	*		23
55	5.20	0.18	0.40		√						*		18
56	3.80	0.20			√						*	Ⅲ	24

表 6-8　塔中 A-2 井志留系砂岩取芯段储层流体微观特征

编号	总孔隙度（%）	渗透率（md）	原生孔隙（%）	流体类型			流体赋存状况						微观含油丰度（%）
				第一类	第二类	第三类	沥青	油膜	加大边外油	粒间油	晶间油	充填裂缝油	
1	14	5.94	3	√	√					○	*		38
2	8.50	0.19	0.80		√						*		22
3	13.40	1.46	2.50		√					○	*		24
4	12.80	6.25	2.70		√					○	*		38
5	9.70	0.18	1.80		√						*		38
6	12.10	0.69	2	√	√					○	*		35
7	12.90	0.92	3	√	√					○	*		26
8	8.80	0.26	1		√						*	Ⅲ	20
9	5.60	0.05	1		√						*	Ⅲ	20
10	14.20	0.09	3	√	√					○	*		30
11	10.50	0.61	2.40	√	√					○	*	Ⅲ	30
12	6.80	1.64	1		√						*		16
13	5.80	1.31	0.80		√						*		18
14	11.40	1.34	2.40	√	√					○	*		38
15	8.90	0.44	1.60	√	√					○	*		20
16	9.70	0.85	2.10	√	√			◎	⊙	○	*		42
17	12.70	90.10	3.20	√	√					○	*	Ⅲ	39
18	12.10	0.48	2.40	√	√			◎		○	*		45
19	8.30	0.18	0.80		√						*		19
20	12.60	4.33	2.10	√	√					○	*		28
21	14.10	6.47	2	√	√					○	*		22

第四节　含油剖面特征

一、各含油层特点及新解释

重新解释了塔中 12 井区取芯井含油剖面，识别了新的油层，并定义了胶质沥青层（＞胶质沥青含量 20％），初步勾画了沥青及油层在平面上的分布。通过取芯井岩心观察，含油薄片沥青、测井综合解释及试油资料等重新解释了塔中典型井的含油剖面。

这里重点介绍洗油工作。

如塔中 12－2 井，井深 4358.91m，孔隙度前为 10.74％；孔隙度后为 13.75％，增孔为 3.01％，其中固体沥青占 2.40％，而胶质沥青占 21.30％。原含油饱和度为 57％，解释是油层(表 6-9)。

表 6-9　孔隙类型及含量、胶结物含量及沥青含量一览表(%)

总孔隙度	原生	微孔	填隙物溶	长石溶	岩屑溶	石英含量	加大边	方解石	高岭石	胶质沥青
14.10	2	4.60	5	0.70	1.80	75	3.20	1.50	3.60	21.30

塔中 12－2 井，井深 4331～4331.55m，原干层，测井孔隙度为 8.40％，现定义为胶质沥青层，微孔所占比例大于 30％(表 6-10、图 6-17)。

表 6-10　孔隙类型及含量、胶结物含量及沥青含量一览表(%)

总孔隙度	原生	微孔	填隙物溶	长石溶	岩屑溶	石英含量	加大边	方解石	高岭石	胶质沥青
12.10	3.20	4.20	4	0.20	0.50	75	1.60	1	2.10	17
14	3	4.50	4	0.70	1.80	76	0.90	1.20	3.60	28

洗油前　　　　　　　　　　　　　　　　　　　洗油后

图 6-17　洗油前后(塔中 12－2 井，井深 4331.55m)

塔中 12－2 井，井深 4333.40m，岩心上油浸，测井孔隙度为 8.40％。原解释为干层，实测为 12.90％，现定义为差气层，次生孔隙发育，胶质沥青大于 20％(图 6-18、表 6-11)。

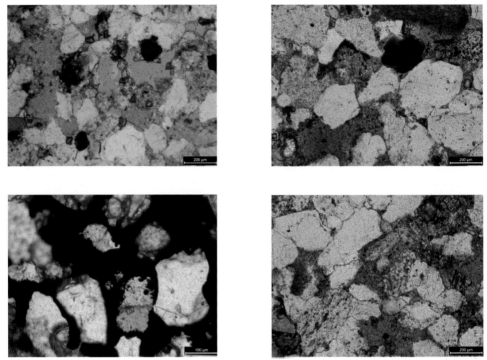

图 6-18　含油薄片特征（塔中 12－2 井，井深 4333.40m）

表 6-11　孔隙类型及含量、胶结物含量及沥青含量一览表（%）

总孔隙度	原生	微孔	填隙物溶	长石溶	岩屑溶	石英含量	加大边	方解石	高岭石	胶质沥青
13.40	2.50	4.50	3.30	0.60	2.50	78	4.60	2.30	3.30	24

二、塔中 12 井区典型含油剖面

塔中 C 井、塔中 C－1 井、塔中 C－2 井及塔中 C_1 井共解释了油层 14.5m；差油层 29.19m；胶质沥青层 25.43m（图 6-19～图 6-22）。统计认为塔中 C_1 井富油层、塔中 C－1 井、塔中 C－2 井富胶质沥青层；从层位上看 M3 占有绝对的优势。这也从另一个角度体现了该区为受构造控制的相控油藏。

首次在塔中志留系储层中用含油薄片及综合地化资料识别出 3 类成藏流体：

第一类：沥青。产状为油膜或粒间固体沥青（不可动）；

第二类：胶质沥青＋油。产状为粒间孔隙油、微孔油（可动）；

第三类：稠油＋油。晚期胶结物粒间油或裂缝充填油（可动）。

以微观流体分布特征为主，结合测井解释、试油结果，建立了塔中 11 井区和塔中 12 井区取心井含油剖面，分析认为塔中 11 井区以第一、二类型为主，塔中 12 井区以第二、三类型为主，且 M1～M3 油层富集程度增加，同层内受物性控制明显。

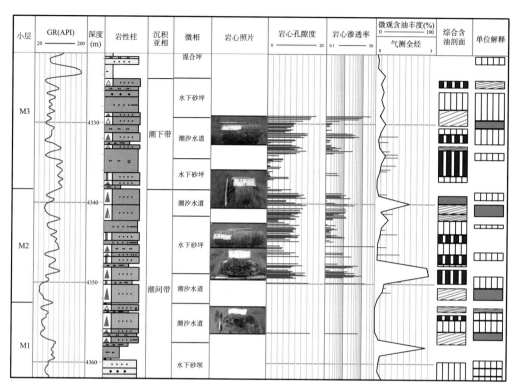

图 6-19　塔中 C-2 井志留系上三亚段含油剖面

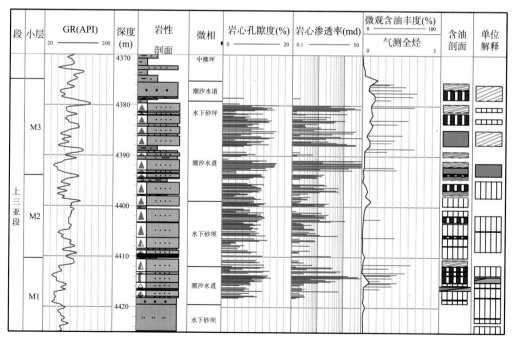

图 6-20　塔中 C 井志留系上三亚段含油剖面

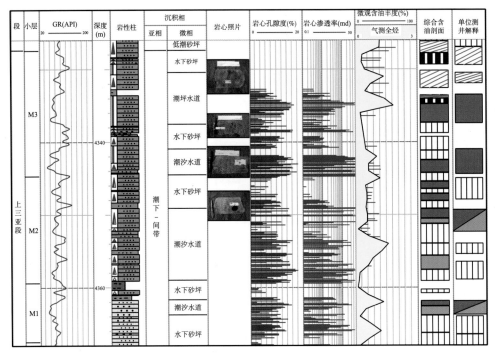

图 6-21　塔中 C₁ 井志留系上三亚段含油剖面

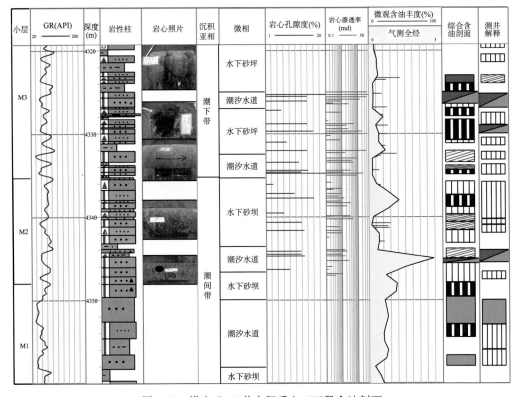

图 6-22　塔中 C-1 井志留系上三亚段含油剖面

第七章 沥青砂岩油藏聚集规律

第一节 开发井开发效果评价

一、塔中 A 井

塔中 11 井是塔里木盆地中央隆起塔中低凸起北部斜坡带，塔中 10 号构造带中段的塔中 11 号构造高点上的一口预探井，于 1994 年 9 月 3 日开钻，1995 年 2 月 28 日钻至设计井深 5050m 进入中下奥陶统 129m(未穿)完钻，达到了设计目的，完成了钻探任务。

(一)钻遇地层情况

据本井实钻录井资料与邻井对比，本井所钻揭地层较齐全。从上至下可分为新生界第四系、第三系，中生界侏罗系、三叠系，古生界二叠系、石炭系、志留系及奥陶系(未穿)。缺失中生界白垩系、古生界泥盆系。地层分层数据见表 7-1。

表 7-1 塔中 A 井地层分层数据表

地层				地层代号接触关系	底界深度(m)	厚度(m)	底界海拔(m)
界	系	统	组				
新生界	第四系			Q	300	300	+776.09
	第三系			R	1942	1642	-865.91
中生界	侏罗系			J	2348	406	-1271.91
	三迭系			T	2915.50	567.50	-1839.41
古生界	二迭系			P	3635	719.50	-2558.91
	石炭系	上统	小海子组	C_2	3954	319	-2877.91
			卡拉沙依组				
		下统	巴楚组	C_1	4177	223	-3100.91
	志留系	中上统		S_{2+3}	4490	313.50	-3414.41
	奥陶系	中上统		O_{2+3}	4921	430.50	-3844.91
		中下统		O_{1+2}	5050▽	129	-3973.91
补心海拔：1076.09m "▽"表示未穿							

(二)油气显示情况

通过实钻，本井志留系共发现油气显示 8 层(表 7-2)。电测解释油层 3 层，厚 9m，差油层 6 层，厚 10m、含油水层 1 层，厚 3m。综合解释油层 2 层，厚 12.50m，差油层 5 层，厚 14.50m。

表 7-2 塔中 A 井综合解释油气水层统计表

序号	层位	井段 (m)	厚度 (m)	主要岩性	钻时 (min/m)	荧光岩屑(%)	荧光显示 颜色	荧光显示 级别	电测解释	综合解释
1	S	4302~4305	3	细砂岩	10~24	2~5	暗黄	10	差油层	差油层
2	S	4311.50~1315.50	4	细砂岩	17		暗黄	9~15	4311.50~4313.50 干层 4314.50~4315.50 差油层	差油层
3	S	4318~4319	1	沥青粉砂岩	14		暗黄	11	差油层	差油层
4	S	4412~4415.50	3.50	细砂岩	23~29	15	暗黄	15	4414~4415.50 差油层	差油层
5	S	4417.50~4420	2.50	细砂岩、含砾不等粒砂岩	11~19	40	暗黄	15	油层	油层
6	S	4424.50~1134.50	10	细砂岩			暗黄	15	4424.50~4426 差油层 4427~4431.50 油层 4432.50~4434.50 油层	油层
7	S	4447.50~4450	3	细砂岩			暗黄	13~15	含油水层	差油层
8	S	4468~4470	2	粉砂岩					差油层	干层

（三）试油情况

该井经对以上三层 2、3、4 的压裂酸化，增产措施均见到一定效果，但事与愿违，纯油层（包括低产油层）经压裂酸化后都大量出水。从而对重新认识研究塔中志留系油层提出了新课题。

（四）成功原因分析

储层较好，储盖组合优越。据岩性和物性资料判断志留系下亚段储层为中等偏差储层，志留系红泥岩段和志留系下亚段储层的储盖组合配置较好，志留系下砂岩段，井段 4297.50~4490.50m，储层厚 169m，储层岩性以细砂岩及沥青细砂岩为主，次为粉砂岩及含砾不等粒砂岩，实钻油气显示丰富。

岩心观察及微观含油薄片也表征了其 3 种类型流体丰富的特点（图 7-1、图 7-2）。从新清理的含油剖面也证实了其流体分布的丰富及多期次性。

志留系圈闭为复合圈闭，既受构造控制，又受岩性控制。

本井获工业油气流，改变了志留系"井井见油、井井不流"的现状，开拓了志留系勘探的新领域。

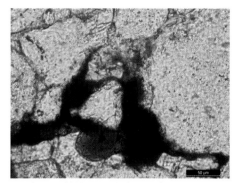

图 7-1　深棕色粒间孔隙油(井深 4312.60m)　　图 7-2　自生石英被粒间孔隙油包裹(井深 4408.24m)

二、塔中 B 井

塔中 117 井是塔里木盆地中央隆起塔中低凸起塔中 10 构造西段、塔中 11 号构造高点上的一口滚动开发井。设计井深 4510m。钻探目的：进一步查明塔中 11 号构造志留系油藏的产能潜力；进一步落实塔中 11 号构造志留系油藏类型；为塔中 117H 准备导眼井；为油田开发设计和生产提供地质资料。该井于 2002 年 6 月 16 日开钻，于 2002 年 8 月 31 日钻至井深 4500m 完钻，井底层位中上奥陶统(未穿)。

(一)钻遇地层情况

本井钻揭地层自上而下为：新生界第四系、第三系；中生界白垩系、三叠系；古生界二叠系、石炭系、志留系、中上奥陶统(未穿)。缺失中生界侏罗系、古生界泥盆系。通过实际钻探证实：Tg2′(标准灰岩顶)海拔−2875.50m，比设计深 2.50m；Tg2″(生屑灰岩顶)海拔−2988.50m，比设计深 0.50m。Tg4′(下砂岩段顶)海拔−3208.50m，比设计浅 7.50m。Tg5(志留系底)海拔−3389.50m，比设计浅 15.50m。

(二)油气显示情况

该井在志留系沥青砂岩段的上、下亚段录井中见到良好油气显示，在井段 4288.29～4304.11m、4407.68～4419.28m、4422.57～4436.12m 中测 3 次，用 7mm 油嘴求产，分别获日产油 70.80m³，日产气 148856m³；日产油 133.92m³，日产气 23027m³；日产油 68.40m³，气少量的高产工业油气流。该井是塔中志留系沥青砂岩首次获高产工业油气流的井。志留系下砂岩段取心 8 筒，见油浸细砂岩、中砂岩 6.87m，油斑粉、细砂岩、稠油油斑−细砂岩 27.57m，油迹粉−细砂岩、细砂岩 13.05m，荧光细砂岩 1m，合计 48.49m。

本井录井共见油气显示 57 层，厚 70.50m，分布在志留系下砂岩段，其中油浸 8m/9 层，油斑 30m/23 层，油迹 14m/17 层，荧光 18.50m/8 层。

本井测井解释共计 39 层，厚 95m，其中油层 8m/7 层，油气层 7.50m/4 层，差油层 10m/7 层，差油气层 4.50m/3 层，干层 21m/14 层，水层 14.50m/4 层。

依据钻进中岩屑、岩心、气测、测井及中测资料在志留系下砂岩段综合解释油层 38.50m/4 层、油气层 11m/1 层、差油层 7m/1 层、差油气层 2m/1 层、含油水层 10.50m/1 层。干层 5m/2 层。

（三）成功原因分析

沉积相带优、砂体发育、原生孔隙所占比例高、储层条件好，多种类型油气聚集（图7-3）。

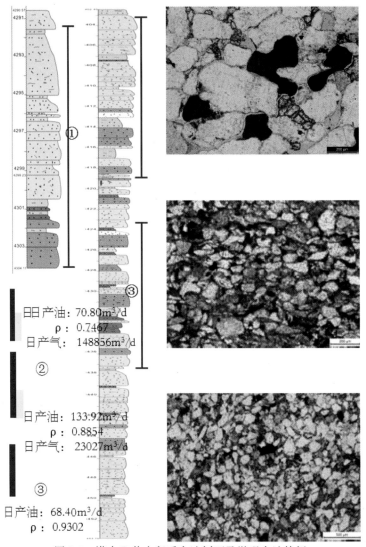

图7-3　塔中B井志留系含油剖面及微观含油特征

三、塔中 C₁ 井

塔中 C_1 井位于新疆且末县境内，塔克拉玛干沙漠腹地，塔中 C 井西北约 3km，构造位置是塔里木盆地中央隆起塔中低凸起塔中 10 号构造带塔中 12 号构造圈闭的高点。它是一口评价井，井型为直井。设计井深为 4950m，目的层是志留系兼探奥陶系。钻探目的为探索塔中 12 号构造圈闭志留系上三亚段和奥陶系灰岩的含油气性，为该构造上交油气储量提供地质参数。本井于 2004 年 8 月 2 日开钻，10 月 19 日钻至井深 4733.92m，达到地质目的提前完钻，完钻层位奥陶系。

（一）钻遇地层情况

本井自上而下钻遇地层有新生界第三系、中生界白垩系、三叠系、古生界二叠系、石炭系、志留系；及奥陶系（未穿），其间缺失中生界侏罗系、古生界泥盆系地层。实钻与设计基本吻合，除第三系底比设计浅 13.91m 外，其余各层普遍比设计深，一般为 11.59～39.09m，吻合程度较好；石炭系底误差较大，比设计深 55.59m，但属正常。

（二）油气显示情况

本井井段 4005～4733.92m 录井见气测异常显示 27 层，厚 204.92m。井段 4008～4733.92m 录井见油浸显示 5 层，厚 10m；油斑显示 15 层，厚 14.50m；油迹显示 10 层，厚 12.50m；荧光显示 52 层，厚 132m，共计油气显示 82 层，总厚 169m。其中井段 4192.40～4733.92m 钻井取心获得油浸显示 7.87m，油斑显示 13.43m，油迹显示 11.54m，荧光显示 11.59m，共计油气显示 44.43m。井段 4085.50～4733m 电测解释油层 2 层，厚 7.50m；差油层 4 层，厚 9.50m；油水同层 4 层，厚 17.50m；干层显示 17 层，厚 53.50m；水层 8 层，厚 32.50m；Ⅱ级储层 2 层，厚 8m；Ⅲ级储层 10 层，厚 40.50m；共计 47 层，总厚 169m。井段 4008～4733.50m 综合解释油层 3 层，厚 30m；差油层 4 层，厚 21.50m；油水同层 3 层，厚 33.50m；含油水层 6 层，厚 48.50m；干层 11 层，厚 52m，共计 27 层，总厚 185.50m。其中石炭系综合解释含油水层 3 层，厚 10.50m；志留系综合解释油层 1 层，厚 17m；差油层 2 层，厚 9m；油水同层 3 层，厚 33.50m；含油水层 3 层，厚 38m；干层 9 层，厚 43.50m；共计 18 层，总厚 141m。

（三）试油情况

该井从 2004 年 10 月 22 日至 2005 年 1 月 2 日进行完井试油，历时 73 天，1717 小时，经加砂压裂、抽汲排液、测双侧向自然伽马，电成像（EMI），下机桥封堵、电缆倒灰、电缆射孔、测试、跨隔测试、下连续油管气举排液、复合射孔等工艺，完成志留系试油 2 层、补射 1 层。

第一层，志留系，井段 4349～4352.70m，厚度 3.70m，开井 3468 分钟。地层出液 0.27m³，返洗出液 11.23m³，油 0.54m³，水 10.69m³，折日产液 4.66m³，油 0.22m³，密度（20℃）0.9988g/cm³，密度（50℃）0.9838g/cm³，水 4.44m³，密度 1.08g/cm³，矿化度：82005mg/L，含油 4.7%。结论：水层含油。

第二层，志留系，井段 4333.80～4344.40m。测试，下连续油管 2000m 注液氮排液，日产液 2.55m³，油 2.55m³，含油 100%（蒸馏含水 1%）密度（20℃）0.9492g/cm³，密度（50℃）0.9324g/cm³，累计排出液量 45.415m³，油 40.395m³，水：5.02m³，密度 1.07g/cm³，矿化度：62000mg/L，（出垫水：3.28m³）。

补孔（复合射孔）志留系，井段 4333.80～4344.40m，厚度 10.60m，敞放，日产稠油 10.30m³，密度（20℃）0.9231g/cm³，密度（50℃）0.9054g/cm³，含少量天然气。结论：油层，获工业油流。

（四）成功原因分析

该井志留系上三亚段综合解释油层 1 层，厚 17m；油水同层 2 层，厚 21.50m。油层的分布主要受储层物性的控制，该段砂岩较疏松到致密，测井解释有效孔隙度 4.20%～

14.40%，加权平均9.60%，其物性中等。

　　详细的岩心观察表明，该井含油气性丰富（表7-3）。

　　沉积相以潮汐水道占优、砂体发育、储集条件（混合孔）相对好，微观薄片油质丰富（图7-4）。微观含油丰度高并以第二、三种类型为主，且气测显示丰富，采取加砂压裂效果好。

表7-3　塔中 C_1 井志留系上三亚段取心段油气显示

井段 （m）	进尺 （m）	心长 （m）	收获率 （%）	岩性	含油岩心长度（m）			
					油浸	油斑	油迹	荧光
4321.98~4331.05	9.07	8.94	98.60	褐灰色油浸、油斑、油迹细砂岩、含砾细砂岩夹泥岩	3.52	4.08	0.64	0.10
4331.05~4340.10	9.05	8.40	92.80	褐灰色、灰色油浸、油斑、油迹细砂岩、含砾细砂岩、粉砂岩夹绿灰色粉砂质泥岩	4.35	1.40	0.54	
4340.10~4349.10	9	8.57	95.20	褐灰色、灰色油斑、油迹沥青质细砂岩、粉砂岩夹泥岩		2.72	4.29	
4349.10~4358.10	9	9.22	102.40	褐灰色油斑、油迹、荧光沥青细砂岩、泥质细砂夹粉砂泥岩		1.72	2.59	1.24
合计：35.14m					7.87	9.92	8.03	1.34

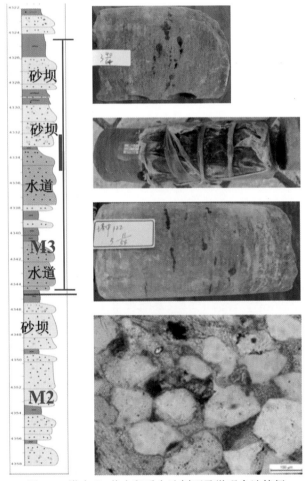

图7-4　塔中 C_1 井志留系含油剖面及微观含油特征

四、塔中 C 井

本井位于新疆塔里木盆地沙漠腹地，东南距塔中 4 井 23.30km，东距塔中 16 井 33.10km。构造位于塔中 10 号鼻状披覆背斜构造带中段，塔中 12 号构造西高点。是钻探石炭系、志留系及下奥陶统的一口预探井。

（一）钻遇地层情况

本井自上而下钻遇地层有新生界第四系、第三系，中生界侏罗系、三叠系，古生界二叠系、石炭系、志留系，进入奥陶系 876m 完钻。其间缺失中生白垩系亚系、古生界泥盆系。

（二）油气显示情况

本井在二迭系、石炭系、志留系和奥陶系地层中录井见到不同程度的油气显示，共 105 层，累计厚 173.11m（表 7-4）。

气测录井解释油气层共 8 层，累计厚 67.50m。其中油层 4 层，厚 90m；油气同层 1 层，厚 9m；凝析油层 4 层，厚 27m；凝析气层 1 层，厚 11m；可能油层 1 层，厚 8m；可能气层 1 层，厚 22m；残余油层 2 层，厚 27m；水淹油层 1 层，厚 37m；含油水层 1 层，厚 8m。

测井解释共 11 层，厚 80m。其中油层 1 层，厚 2.50m；油气层 4 层，厚 61.50m；差油层 2 层，厚 6m；油干层 1 层，厚 2m；含油水层 3 层，厚 8m。

综合解释共 16 层，厚 225m。其中油层 1 层，厚 33.50m；油气层 3 层，厚 70.50m；差油层 2 层，厚 8m；含水油层 1 层，厚 5.50m；含油水层 2 层，厚 13.50m；干层 3 层，厚 20.50m；水层 4 层，厚 73.50m。

（三）测试简况

钻进中在井段 4652.82～4800m 中测获日产 0.92m³ 低产油流，在井段 5175.39～5241.81m 中测为低产气层，展示了该井丰富的油气显示，通过油层改造措施，可望获得工业油气流。下砂岩层含油较好，录井见个别油气显示 86.87m，见明显气测异常，经多次中测，见少量地层水带稠油。

（四）原因分析

原来勘探成果认为油藏已遭受严重破坏。通过本次岩心观察和镜下不同类型油质，结合沉积相和砂体预测结果，对其含油性进行了综合分析：

沉积相塔中 C 井在上三亚段顶部 M3 层发育时期，为潮下带到潮间带的过渡地带，但总体能量不强，为潮汐水道与水下砂坝的混合坪沉积环境，砂体相对薄，变迁快。

储层特征前面储层特征研究结果表明，塔中 C 井平均孔隙度为 11.90%，渗透率平均值也达 11.10md，但是储层的非均质强。

储层微观含油特征表明其粒间孔隙油及晶间孔隙油发育，为泥基－硅质高岭石油－方解石（图 7-5），通过综合分析，其残留的含油饱和度能达 47.10%，表明其有丰富的油气资源潜力。

表7-4 塔中C井志留系油气显示综合表

序号	井段(m)	厚度(m)	岩性	含油岩屑定名含量(%)	钻时(min/m)	气测全量(%)	气测甲烷(%)	钻井液密度	黏度(s)	油花(%)	气泡(%)	池面上涨(m³)	荧光颜色	荧光级别	井壁取心 含油	荧光	不含油	饱含油	富含油	油浸	油斑	油迹	荧光	浸泡时间(天)	声波时差(us/ft)	深电阻率(Ω·m)	孔隙度(%)	含油饱和度(%)	解释结果	综合解释结果
1	4139~4144	5	灰色荧光粉砂岩	5	7~28	0.0960~0.1664	0.0025~0.0068	1.20	62				淡黄	8										61	69	3.10	8.40		干层	干层 水层
2	4146~4151	5	灰色荧光细砂岩	5	10~22	0.0325~0.0339	0.0022~0.0028	1.21	65				淡黄	8								0.18		59	70	1.40	14.90	3.50	水层	水层
3	4251.50~4262	10.50	灰色粉砂质泥岩、油斑细砂岩、荧光细砂岩	5	7~28	0.0448~0.0870	0.0015~0.0134	1.20	58~62				淡黄	8~12						3.53			1.75	59	68~73	3~6	7.10~13.60	22	干层 含油 水层	含油 水层
4	4339.50~4343	3.50	灰色沥青细砂岩		21~67	0.0278~0.0500	0.0031~0.0253	1.21	60				乳黄	13										48	70	3	10.40		水层	水层
5	4355~4357	2	灰色沥青细砂岩		215~235	0.0500~0.0565	0.0011~0.0015	1.22	67				乳黄	13										45	65	6	15	60	油干层	干层
6	4374.50~4377	2.50	灰色荧光细砂岩	2~15	10~22	0.2432~0.5888	0.0866~0.2137	1.22	67				乳黄	8~13										40	73	6.30	9	24	差油层	差油层
7	4378~4411.50	33.50	灰色荧光~油斑细砂岩、泥质粉砂岩	10~25	6~259	0.0300~0.4814	0.0090~0.2182	1.22	65~68				乳黄	10~13						19.90	6.40	0.71		39	52~70	7~15	1~11	28~62	干层 差油层 油层	油层 油层
8	4411.50~4417	5.50	褐灰色荧光~油浸细砂岩	2~5	69~240	0.0259~0.0537	0.0112~0.0209	1.22	65				乳黄	11~12						1.77	0.47	1.26	1.47	36	68	4.30	11	28	含油 水层	含油 水层

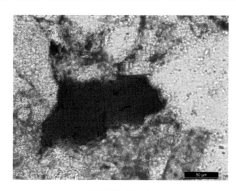 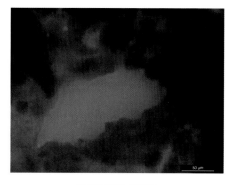

粒间孔隙稠油　　　　　　　　　　　荧光反应为橙黄色

图 7-5　塔中 C 井志留系储层粒间孔隙油（井深 4247m）

五、塔中 C-1 井

塔中 C-1 井位于新疆巴音郭楞蒙古自治州且未县境内，塔中 C_1 井北西约 1190m 处，构造位置是塔里木盆地中央隆起塔中低凸起塔中 10 号构造带中段。它是一口开发水平井。目的层位为志留系上三亚段。钻探目的：（1）实施开发井网部署的第一批开发井，动用塔中 12 志留系油藏地质储量，形成一定产量；（2）进一步落实塔中 A 志留系上三亚段油藏构造及储层变化，评价单井产能，为全面开发该油藏提供技术储备；（3）建立塔中 A 志留系上三亚段油藏先导性开发井组，探索开发志留系上三亚段油藏有效的开发方式。本井于 2005 年 3 月 12 日开钻，2005 年 4 月 21 日钻至井深 4360.00m，并加钻至 4380.00m 完钻奥陶系。

（一）钻遇地层情况

本井自上而下钻遇新生界第四系、第三系；中生界白垩系、三叠系；古生界二叠系、石炭系、志留系、奥陶系（未穿）。

（二）油气显示情况

本井钻探目的层为志留系油气藏；在石炭系录井中亦发现油气显示，录井在 4006.50~4377m 井段综合解释油气显示 136m/14 层；其中：含油层 18m/6 层，含油水层 38.50m/4 层，含水差油气层 31m/1 层，差油层 48.50m/3 层。

测井共解释在石炭系下泥岩段、东河砂岩段、志留系共解释 152m/73 层，其中：油层 1.50m/1 层，差油层 5.90m/7 层，油水同层 6.20m/5 层，水层 35m/12 层，干层 103.40m/48 层。

在志留系 4006.50~4377m 综合解释各类油气层 131m/12 层，其中：含油层 18m/6 层，含油水层 33.50m/2 层，含水差油气层 31m/1 层，差油层 48.50m/3 层。

（三）失败原因分析

前人研究认为实钻与预测深度相当，圈闭落实；主要是物性变差以及其西北部的断层封闭欠佳造成含油性变差，致使开发效果差。

通过本次储层特征研究及显微含油气性分析认为，砂体为水下砂坝与潮汐水道组合，混合孔隙发育，微孔发育，微观薄片油质丰富。

以第二、三种类型为主，气测较丰富，多解释为差油层及胶质沥青层(图7-6)。若进一步采取压裂措施，应该有较好的前景。

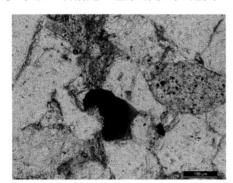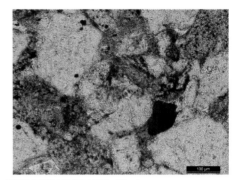

图7-6　塔中C-1井油浸高岭石，胶质沥青(井深4323.81m)

六、塔中C-2井

塔中A-2井是塔里木盆地塔中隆起，塔中低凸起塔中10号构造带中段上的一口开发井，井型为水平井，设计井深：导眼井4370m，水平井4818.10m。目的层：志留系上三亚段。钻探目的：(1)实施开发井网部署的第一批开发井，动用塔中12志留系油藏地质储量，形成一定产量；(2)进一步落实塔中A志留系上三亚段油藏构造及储层变化，评价单井产能，为全面开发该油藏提供技术储备；(3)建立塔中A志留系上三亚段油藏先导性开发井组，探索开发志留系上三亚段油藏有效的开发方式。于2005年3月7日开钻，同年4月13日钻至井深4370m，并加深导眼完钻井深，钻至4390m完钻。井底地层：奥陶系(未穿)。

(一)钻遇地层情况

本井钻遇地层自上而下为新生界：第四系、第三系。中生界：白垩系、三叠系。古生界：二叠系、石炭系、志留系、奥陶系(未穿)。

(二)油气显示情况

志留系上三亚段：4324.50～4357.50m，综合解释油层12m/2层，差油层8m/1层，岩性为荧光、油迹、油斑、油浸细砂岩，胶结疏松，系列对比7～13级。在井段4331～4360.24m连续取心四筒，共取出油浸级岩心3.30m、油斑级岩心5.93m、油迹级岩心1.25m、荧光级岩心0.98m，岩心荧光系列对比7～13级，岩心出筒未见气泡，久置后见少量稠油外渗。气测显示好且组份齐全，含量相对较高。测井解释物性较差，孔隙度为4.20%～14.40%，中途测试在井段4337.11～4388.20m进行测试，折算日产水3.53m³，见油花。测试结论：未定性，该层取心见良好的油气显示且厚度大，在邻井已获工业油气流，是本井最好的油气层(表7-5)。

表 7-5　塔中 C－2 井取芯段油气显示情况

井段(m)	进尺(m)	心长(m)	收获率(%)	岩性	含油岩心长度(m)			
					油浸	油斑	油迹	荧光
4331～4340.10	9.15	8.45	92.30	褐灰色油斑、灰色荧光细砂岩、灰色粉砂岩		2.81		0.37
4340.15～4349.30	9.17	9.20	100.30	褐灰色油浸、油斑、油迹、荧光、细砂岩与灰色泥质	1.77	2.17	1.25	0.40
4349.30～4358.32	9	2.87	31.90	褐灰色油浸、油斑细砂岩夹灰色泥质粉砂岩	0.94	0.95		
4358.30～4360.24	1.92	1.84	95.80	褐灰色油斑含砾细砂岩与灰色粉砂岩呈不等厚互层	0.59			0.21
			合计：22.36m		3.30	5.93	1.25	0.98

(三)失败原因分析

前人认为构造落实较低，处在构造的低部位；储层物性变化较大，横向非均质性强是其未能建产的主要原因。综合分析认为：

首先，砂体为水下砂坝与潮汐水道组合，混合孔隙发育，微孔发育，尤以粒间孔隙油、晶间孔隙油类型为主要特征，大量的微观薄片分析统计表明其油质丰富(表 7-6)，整个剖面微观含油丰度达 29.0%。

表 7-6　塔中 C－2 井微观含油类型及丰度

深度(m)	总孔隙(%)	渗透率(md)	原生孔(%)	流体类型			流体赋存状况						微观含油丰度(%)
				第一类	第二类	第三类	沥青	油膜	加大边外油	粒间油	晶间油	充填裂缝油	
4331.60	14	5.94	3	√	√					○	*		38
4332.30	8.50	0.19	0.80			√					*		22
4333.40	13.40	1.46	2.50			√				○	*		24
4333.80	12.80	6.25	2.70			√				○	*		38
4334.20	9.70	0.18	1.80			√					*		38
4335.20	12.10	0.69	2	√	√					○	*		35

其次，以第二、三种类型为主，气测较丰富，多解释为差油层及胶质沥青层(图 7-7)。

相邻的塔中 C_1 井在后期的加砂压裂获得了成功，其沉积、成岩背景相似，只是储集条件存在不同，考虑岩心观察及前述的气测、微观含油丰度等资料应证若进一步采取压裂措施，应该有较好的前景。

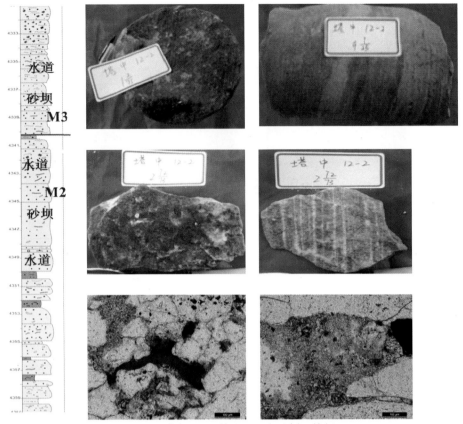

图 7-7 塔中 A−2 井取芯段含油剖面特征

七、塔中 D 井

塔中 D 井位于塔里木盆地中央隆起塔中低凸起塔中Ⅰ号断裂构造带东部，塔中 62 圈闭高点，距塔中 44 井东南约 3.1km，是一口预探井。设计井深 5740m，目的层主探中上奥陶统礁滩复合体，兼探下奥陶统灰岩。钻探目的：（1）查明塔中 D 井陶系生物礁滩地层圈闭的含油性；（2）为地震资料精细解释和石油地质综合研究提供依据。

（一）钻遇地层情况

本井钻揭地层自上而下依次为：新生界第三系；中生界白垩系、三叠系；古生界二叠系、石炭系、志留系及奥陶系（未穿）。缺失了中生界侏罗系及古生界泥盆系。

（二）油气显示情况

志留系下砂岩段测井解释共 41 层，总厚度 88m。解释差油层 3.50m/3 层，油水同层 2m/2 层，干层 40m/21 层，水层 42.50m/15 层。

本井志留系下砂岩段综合解释共 16 层，总厚度 55m，其中志留系下砂岩段解释差油层 52.50m/14 层，油水同层 2.50m/2 层。

在志留系红色泥岩段和下砂岩段钻井取心获较好的油气显示，进行中途测试未成功。

（三）未建产原因分析

前人研究认为志留系圈闭不太好，使得岩性控油，局部构造富油的志留系地层在该井区未发现工业性油藏；储层物性较差是其失败的两大关键因素。

通过岩心和薄片观察，该区沉积背景是潮汐环境，向东受河口湾沉积环境影响，从成藏的运移指向来讲，该区一直是有利的部位。因此，储集砂体是该井区成功与否的关键。去年在该井区新部署井在志留系上一亚段获得工业油流正是对该观点的证明。

第二节　油藏储量品质分析

在原有储量基础上，本次分层位分类型进行了储量重新计算（表 7-7）。

M1 层位储量为 27.80×10^4 t，其中胶质沥青为 12.65×10^4 t，差油层为 14.39×10^4 t，M1 层位储量占上三亚段储量的 6.3%。

M2 层位储量为 350.73×10^4 t，其中胶质沥青为 65.50×10^4 t，差油层为 51.80×10^4 t，油层为 12.40×10^4 t，M2 层位储量占上三亚段储量的 29.60%。

M3 层位储量为 758.34×10^4 t，其中胶质沥青为 42.60×10^4 t，差油层为 205.40×10^4 t，油层为 34.30×10^4 t，M3 层位储量占上三亚段储量的 64.10%。

核实储量总计为 443.10×10^4 t。其中不可动沥青为 4×10^4 t，通过一定技术可动的胶质沥青为 120.78×10^4 t，现实可动的油层和差油层为 399.90×10^4 t。

可以看出，M3 中各种油层发育，其发育具有如下规律：

第一，油层物性好，边界受构造线控制；

第二，差油层厚度大，分布面积广，受物性和构造控制；

第三，胶质沥青层纵向层位靠下，孔渗性较差，物性控制明显。

表 7-7　塔中 12 区块志留系重新落实储量表

层位	类型	A	有效系数	h	孔隙度（%）	饱和度（%）	密度	体积系数	储量	占总储量（%）	占小层储量（%）	各层总储量（×10⁴t）	占总储量比（%）
原储量（×10⁴t）		22.70	1	9	13	64	0.95	1.03	1565.97				
M1	沥青Ⅳ	8.50	0.25	0.80	10.10	5	0.95	1.03	0.79	0.07	1.06		
	胶质沥青Ⅲ	8.50	0.25	1.60	10.10	40	0.95	1.03	12.65	1.07	17.02	27.80	6.27
	差油层Ⅱ	8.50	0.25	1.50	9.80	50	0.95	1.03	14.39	1.22	19.36		
	油层Ⅰ	8.50	0.25	0	0	60	0.95	1.03	0	0	0		
M2	沥青Ⅳ	8.50	0.35	0.80	14.20	5	0.95	1.03	1.56	0.13	0.44		
	胶质沥青Ⅲ	8.50	0.35	4.30	13.90	40	0.95	1.03	65.53	5.54	18.68	131.30	29.63
	差油层Ⅱ	8.50	0.35	3.10	12.20	50	0.95	1.03	51.83	4.38	14.78		
	油层Ⅰ	8.50	0.35	0.50	15.10	60	0.95	1.03	12.42	1.05	3.54		
M3	沥青Ⅳ	8.50	0.50	0.60	14.10	5	0.95	1.03	1.66	0.14	0.22		
	胶质沥青Ⅲ	8.50	0.50	2	13.60	40	0.95	1.03	42.60	3.60	5.62	284	64.09
	差油层Ⅱ	8.50	0.50	8.60	12.20	50	0.95	1.03	205.40	17.36	27.09		
	油层Ⅰ	8.50	0.50	1	14.60	60	0.95	1.03	34.30	2.90	4.52		

续表

层位	类型	A	有效系数	h	孔隙度(%)	饱和度(%)	密度	体积系数	储量	占总储量(%)	占小层储量(%)	各层总储量(×10⁴t)	占总储量比(%)
	原储量(×10⁴t)	22.70	1	9	13	64	0.95	1.03	1565.97				
不同类型	沥青Ⅳ								4	0.90		不可动	
	胶质沥青Ⅲ								120.78	27.26		技术可动	
	差油层Ⅱ								271.62	61.30		现实可动	
	油层Ⅰ								46.72	10.54			
	核算储量总计:								443.10				

第三节　油藏分布规律及目标建议

通过以上相控砂体研究，可以直观看出由上三亚段底部至顶部(M1~M3)为一个水动力增强的过程，沉积相演化由潮间带演化为潮下带的过程，致使纵向上砂体增厚，物性变好(图7-8)，这也与目前的勘探主要目的层位 M3 认识相吻合。

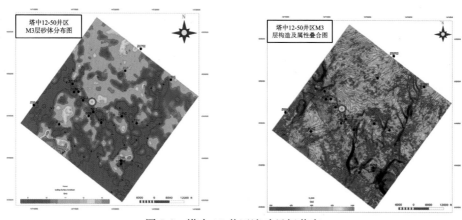

图 7-8　塔中 12 井区滚动目标落实

储层特征、控制因素研究成果及储层中流体分布特征研究成果表明，塔中 12 井区是持续的油气充注指向，优越的储集条件是油气富集的关键。因此，在滚动目标的提出上考虑 4 个原则：(1)沉积相带优越储层物性好；(2)微观含油丰度好；(3)油气显示好，包括气测异常；(4)尽量往构造高部位落实目标。

由此，项目组在同甲方技术人员多次交流，厘定以下两个滚动目标。

目标一：塔中 A-2 井的改造。

依据：潮汐水道和水下砂坝的混合区，砂体发育，物性较好，微观含油丰富，解释了 16.8m 含油层，压裂能沟通好储层，相邻的塔中 122 井改造成功。

目标二：新目标塔中 A-2 井以东位置。

依据：M1~M2 向东为潮汐水道迁移方位，构造落实，砂体应更发育，塔中 12-2 井及塔中 122 井物性好，推知物性也应该不错。

结　　论

塔中志留系沥青砂岩中"有储无产"的瓶颈是个宏观难题,本论著的研究思路及研究方法体现宏观导向、微观细究的"宏微结合"的研究方法,就塔中志留系及塔中 12 井区沥青砂岩研究得出如下结论:

第一,通过微观岩石学特征－井－震结合,重新划分了志留系层序地层,认为上二亚段顶存在的层序界面,性质为局部抬升的氧化界面;上一亚段顶为最大海泛面,典型标志为白云质鲕。

第二,通过岩心伽马、标志层法进行了岩心归位,建立了较为准确的岩－电关系图版;主力产层砂体为沿岸分布的水下砂坝及垂直岸线分布的潮汐水道;井－震结合,首次落实了塔中 12−50 井区上三亚段 3 个中期旋回(M1、M2、M3 层)砂体的分布;其中 M3 砂体相对发育,以潮汐水道为主;

第三,相控砂体展布进而控制储层品质,潮汐水道储层优,水下砂坝次之;潮汐水道砂体连通性好,相对原生孔隙发育,且长石及其他岩屑蚀变的产物高岭石容易带走而形成好的储集空间;水下砂坝本身泥质杂基含量高,连通性也相对较差,致使其排流不畅,易形成沉积区,微孔隙发育;

第四,由于油质氧化成沥青占据了一定的孔隙,其中塔中 11 井区固体沥青平均达 1.5%,而塔中 12 井区仅为 0.20%;

第五,首次在塔中志留系储层中用含油薄片及综合地化资料识别出 3 类成藏流体。以微观流体分布特征为主,结合测井解释、试油结果,建立了塔中 11 井区和塔中 12 井区取心井含油剖面,认为塔中 11 井区以第一、二类型为主,塔中 12 井区以第二、三类型为主且 M1～M3 油层富集程度增加,同层内受物性控制明显;

第六,油藏特点具有持续演化的古构造背景是油气成藏指向,优越的沉积相是基础,孔隙类型是流体可动量的关键,总体表现为"势控方向、相控储层、物控油藏"的聚集规律。受储层条件和流体充注期次影响,塔中 11 井区沥青高,多期流体活跃;塔中 12 井区沥青含量少,多期流体欠活跃。

由于研究时间尚短,综合分析众多薄片鉴定、测试数据及资料比较困难,以及首次涉及该研究领域,不足之处在所难免:(1)由于大量工作基于点对应的薄片微观,其非均质性所致,难免与后期实际资料有出入;(2)对洗油的效果可以进一步的定量评价;(3)由于是首次运用微观薄片研究油气聚集,统计数据多基于地质认识,人为误差难免。望同行专家提出宝贵意见。

参 考 文 献

B. P. Tissot，陈建渝. 1985. 应用于油气勘探的石油地球化学新进展[J]. 地质科技情报，4（1）：107－112.

Hart Energy Research Group. Heavy Crude Oil：A Global Analysisi and Outlook to 2035[R]. Houst：Hart Energy：1－191.

蔡春芳，顾家裕，蔡洪美. 2001. 塔中地区志留系烃类侵位对成岩作用的影响[J]. 沉积学报，19（1）：60－65.

陈楠. 2014. 塔中志留系柯坪塔格组沉积变化研究_以塔中16井区为例[J]. 四川文理学院学报，24（2）：69－73.

陈方鸿，王贵文. 1999. 塔里木盆地塔中地区志留系测井层序地层学研究[J]. 沉积学报，17（1）：58－62.

陈强路，范明，尤东华. 2006. 塔里木盆地志留系沥青砂岩储集性非常规评价[J]. 石油学报，27（1）：30－33.

陈强路，范明，郑伦举. 2007. 油气充注对塔中志留系沥青砂岩储集性影响的模拟实验研究[J]. 沉积学报，25（3）：358－364.

陈元壮，等. 2004. 塔里木盆地塔中、塔北地区志留系古油藏的油气运移[J]. 地球科学，29（4）：473－482.

段金宝，蔡忠贤. 2006. 用测井方法确定砂岩储层中固体沥青含量方法的探讨[J]. 新疆石油天然气，2（2）：29－32.

顿铁军. 1995. 加拿大的稠油和天然沥青资源[J]. 西北地质，16（3）：37－41.

樊太亮，等. 2008. 塔里木盆地古生界不同成因斜坡带特征与油气成藏组合[J]. 地学前缘，15（2）：127－136.

冯动军，李胜利，黄兴文. 2010. 井震约束下高分辨率层序地层划分与对比—以准噶尔盆地石南地区为例[J]. 石油天然气学报，32（5）：165－170.

宫色，等. 2005. 塔里木盆地志留系沥青砂的热模拟实验研究[A]. 中国矿物岩石地球化学学会第十届学术年会论文集[C]，24（增刊）：362.

顾家裕，等. 2001. 塔里木盆地流体与油气藏[J]. 地质论评，47（2）：201－206.

郭汝泰，等. 2002. 塔里木盆地轮南下奥陶统沥青的发现及其意义[J]. 新疆石油地质，23（1）：21－23.

郭少斌，洪克岩. 2007. 塔里木盆地志留系—泥盆系层序地层及有利储层分布[J]. 石油学报，28（3）：44－50.

郭长敏. 2008. 塔里木盆地志留系柯坪塔格组沉积相及平面展布[J]. 天然气技术，2（1）：19－22.

何碧竹，等. 2011. 塔里木盆地构造不整合成因及对油气成藏的影响[J]. 岩石学报，27（1）：253－265.

何坤，等. 2011. 塔里木盆地志留系沥青砂的二次生烃及地质意义[J]. 石油与天然气地质，32（54）：682－691.

侯会军，王伟华，朱筱敏. 1997. 塔里木盆地塔中地区志留系沉积相模式探讨[J]. 沉积学报，15（3）：41−47.

胡少华，王庆果，李秀珍. 2007. 塔里木盆地志留系层序地层划分及沉积体系特征[J]. 大庆石油学院学报，31（2）：8−11.

贾进华. 2004. 塔里木盆地塔中地区志留系沉积特征与砂体预测[A]. 第三届全国沉积学大会论文摘要汇编[C]，45−46.

贾望鲁. 2004. 塔里木盆地轮南地区原油沥青质的分子结构及其应用研究[D]. 中国科学院研究生院（广州地球化学研究所）.

姜振学，等. 2008. 塔里木盆地志留系沥青砂破坏烃量定量研究[J]. 中国科学（D辑：地球科学），38（增刊）：89−94.

姜振学，等. 2006. 塔里木盆地志留系沥青砂岩有效厚度的确定方法[J]. 地质学报，80（3）：418−423.

金之钧，王清晨. 2004. 中国典型叠合盆地与油气成藏研究新进展——以塔里木盆地为例[J]. 中国科学（D辑：地球科学），27（3）：281−288.

康玉柱. 2007. 塔里木盆地古生代海相碳酸盐岩储集岩特征[J]. 石油实验地质，29（3）：217−223.

雷钰燕. 1992. 沥青质量评定的综合方法[J]. 北京建筑工程学院学报[J]，2：7−12.

李红南，等. 2006. 塔里木盆地塔中地区志留系成藏控制因素[J]. 油气地质与采收率，13（3）：43−49.

李洪铎，艾华国. 2006. 不整合面上下部的储盖组合—塔里木盆地油气成藏的关键因素[J]. 中国西部油气地质，2（4）：390−395.

李明云，孙晓明. 2008. 塔中地区志留系沉积相及层序地层研究[J]. 石油地质与工程，22（2）：11−17.

李双文，等. 2006. 应用定量颗粒荧光技术研究塔中地区志留系古油藏分布特征[J]. 吉林大学学报（地球科学版），36（5）：813−819.

李宇平，等. 2002. 塔里木盆地中部地区志留系油藏两期成藏特征[J]. 地质科学，37（增刊）：45−50.

李玉胜，等. 2009. 英买34、35井区志留系柯坪塔格组储层特征及其控制因素[J]. 中国地质，36（5）：1087−1098.

李竹强，范宜仁. 2010. 塔河油田碳酸盐岩储层孔喉分布研究[J]. 西部探矿工程，11：138−140.

廖泽文，耿安松. 2000. 塔里木盆地志留系油砂中沥青质热解动力学研究[A]. 第31届国际地质大会中国代表团学术论文集[C]，410−415.

刘春晓，钱利，邓国振. 2007. 塔中地区油气成藏主控因素及成藏规律研究[J]. 地质力学学报，13（4）：335−367.

刘大锰，金奎励，王凌志. 1999. 塔里木盆地志留系沥青砂岩的特性及其成因[J]. 现代地质，13（2）：169−175.

刘德汉，等. 1982. 碳酸岩生油岩中沥青变质程度和沥青热变质实验[J]. 地球化学，3：237−245.

刘金华，等. 2006. 塔里木盆地志留系可容空间变化特征及其与油气成藏的关系[J]. 石油勘探与开发，33（6）：702−706.

刘洛夫，方家虎，王鸿燕. 2001. 塔里木盆地志留系沥青砂岩岩石学特征及其意义[J]. 西安石油学院学报（自然科学版），16（1）：16−22.

刘洛夫，等. 2000. 塔里木盆地志留系沥青砂岩的成因类型及特征[J]. 石油学报，21（6）：12−17.

刘洛夫，等. 2000. 塔里木盆地志留系沥青砂岩的形成期次及演化[J]. 沉积学报，18（3）：475−479.

刘洛夫，等. 2001. 塔里木盆地志留系沉积构造及沥青砂岩的特征[J]. 石油学报，22（6）：11−17.

刘绍平，等. 1996. 塔中志留系碎屑岩储层特征及评价[J]. 江汉石油学院学报，18（4）：21—25.

刘晓林. 2009. 塔里木盆地志留系沉积相与油气分布[D]. 中国海洋大学.

刘韵，等. 2009. 塔中卡塔克隆起古生界主要不整合面与油气成藏关系[J]. 新疆石油地质，30（6）：
    683—685.

吕修祥，白忠凯，赵风云. 2008. 塔里木盆地塔中隆起志留系油气成藏及分布特点[J]. 地学前缘，15
    （2）：156—166.

马锋，等. 全球重油与油砂资源潜力、分布与勘探方向[R]. 吉林大学学报：地球学版，2015，45（4）：
    1042—1051.

梅冥相，徐德斌，周洪瑞. 2000. 米级旋回层序的成因类型及其相序组构特征[J]. 沉积学报，18（1）：
    43—49.

梅冥相. 1998. 浅海相碎屑岩米级旋回层序的成因类型及其在长周期旋回层序中的有序叠加形式[J].
    岩相古地理，18（5）：64—70.

潘立银，等. 2007. 中国塔里木盆地塔中北坡志留系多期石油充注：流体包裹体和有机地球化学证据
    [J]. 岩石学报，23（1）：131—136.

钱一雄，等. 2005. 塔里木盆地塔中西北部多期、多成因岩溶作用地质—地球化学表征——以中1井为
    例[J]. 沉积学报，23（4）：596—602.

全裕科，等. 2008. 塔中北坡两顺地区志留系成藏条件及期次分析[J]. 矿物岩石，28（4）：100—108.

任康绪，等. 2011. 塔里木盆地志留系层序地层特征及其勘探意义[J]. 海相油气地质，16（1）：20
    —25.

沈安江，等. 2007. 塔里木盆地牙哈—英买力地区寒武系—奥陶系碳酸盐岩储层成因类型、特征及油
    气勘探潜力[J]. 海相油气地质，12（2）：23—32.

施振生，等. 2004. 塔里木盆地志留系遗迹化石组合及其沉积环境[J]. 西安石油大学学报（自然科学
    版），19（4）：32—35.

施振生，等. 2005. 塔里木盆地塔中地区志留系塔塔埃尔塔格组潮坪沉积中的遗迹化石[J]. 沉积学报，
    23（1）：91—97.

施振生. 2005. 塔里木盆地志留系层序地层及动力学成因模式研究[D]. 石油大学（北京）.

宋荣彩，等. 2015. 塔中地区志留系柯坪塔格组内不整合的微观证据[J]. 地质科学，50（1）：303
    —314.

宋荣彩，等. 2015. 塔中地区志留系柯坪塔格组黄铁矿特征及其地质意义[J]. 大庆石油地质与开发，
    34（4）：51—55.

陶士振，秦胜飞. 2002. 塔里木盆地克拉2气藏流体包裹体与油气充注运移期次[J]. 石油实验地质，
    21（4）：648—653.

陶士振，秦胜飞. 2002. 塔里木盆地克拉2气藏流体包裹体与油气充注运移期次[J]. 石油实验地质，
    24（5）：437—480.

童金南，李红丽. 1997. 碳酸盐浅滩滨岸区层序地层研究——江苏无锡嵩山下三叠统层序分析[J]. 沉
    积学报，15（4）：1—4.

万友利. 2014. 低渗透沥青砂岩储层致密化成因分析[D]. 成都理工大学.

王成林，等. 2008. 塔中地区志留系薄互层砂体预测方法[J]. 油气地质与采收率，15（1）：29—31.

王成林，等. 2007. 塔里木盆地志留系划分、对比及其地质意义[J]. 新疆石油地质，28（2）：185
    —188.

王福焕，等. 2009. 塔里木盆地塔中地区碳酸盐岩油气富集的地质条件[J]. 天然气地球科学，20（5）：
    695—702.

王贵文，张新培. 2006. 塔里木盆地塔中地区志留系测井沉积相研究[J]. 中国石油大学学报（自然科

学版），30（3）：40−45.

王佳妮. 2008. 模拟紫外环境下沥青流变行为及老化机理的研究[D]. 哈尔滨工业大学.

王娜，沈小双，娄生瑞. 2010. 海拉尔盆地乌尔逊凹陷乌南地区下白垩统层序地层发育及沉积相带特征[J]. 内蒙古石油化工，16：1.

王萍，等. 2008. 塔中地区志留系柯坪塔格组上～3亚段储层特征及与油气分布的关系[J]. 石油与天然气地质，29（2）：174−180.

王嗣敏，金之钧，解启来. 2004. 塔里木盆地塔中45井区碳酸盐岩储层的深部流体改造作用[J]. 地质论评，50（5）：543−547.

王勇，李宇平. 2009. 塔中地区志留系柯坪塔格组储层物性的主控因素[J]. 天然气技术，3（4）：7−11.

王涌泉. 2007. 川东北礁滩气藏中固体沥青的地球化学研究[D]. 中国科学院研究生院（广州地球化学研究所）.

魏伟，等. 2006. 塔里木盆地东部下志留统下砂岩段储层特征[J]. 古地理学报，8（2）：259−268.

邬光辉，等. 2009. 塔里木盆地北部志留系碎屑锆石测年及其地质意义[J]. 大地构造与成矿学，33（3）：418−426.

肖晖，任战利，崔军平. 2008. 塔里木盆地孔雀1井志留系含气储层成藏期次研究[J]. 石油实验地质，30（4）：357−362.

肖芝华，等. 2008. 川中川南地区须家河组天然气地球化学特征[J]. 西南石油大学学报（自然科学版），30（4）：27−30.

肖中尧，等. 2005. 一个典型来源于寒武系源岩的古油藏−塔里木盆地塔中62井志留系古油藏成因分析[A]. 第十届全国有机地球化学学术会议论文摘要汇编[C]，292−293.

谢俊，等. 2008. 塔里木盆地志留系柯坪塔格组沉积相与沉积模式研究[J]. 西安石油大学学报（自然科学版），23（02）：1−5.

薛会，等. 2005. 塔里木盆地古生界流体的垂向分隔性[J]. 石油与天然气地质，26（3）：290−296.

杨永才，等. 2006. 塔里木盆地YN2井储层沥青的地球化学特征及成因分析[J]. 矿物岩石，26（2）：92−96.

叶瑛，等. 2001. 塔里木盆地下第三系储层砂岩自生碳酸盐碳氧同位素组成及流体来源讨论[J]. 浙江大学学报（理学版），28（3）：321−326.

于涛. 2008. 油气成藏期次的研究现状和发展趋势[J]. 四川地质学报，28（4）：290−292.

袁新涛，彭仕宓. 2005. 塔中志留系潮坪相储层流动单元分层次研究方法[J]. 新疆石油天然气，1（3）：7−11.

张达景，等. 2007. 塔河油田加里东期岩溶储层特征及分布预测[J]. 沉积学报，25（2）：214−223.

张惠良，等. 2004. 塔里木盆地志留系优质储层控制因素与勘探方向选择[J]. 中国石油勘探，5：21−25.

张金亮，戴朝强. 2006. 塔里木盆地志留系高分辨率层序地层格架研究[J]. 中国海洋大学学报（自然科学版），36（6）：901−907.

张金亮，杜桂林. 2006. 塔中地区志留系沥青砂岩成岩作用及其对储层性质的影响[J]. 矿物岩石，26（3）：86−94.

张金亮，张鑫. 2006. 塔里木盆地志留系古海洋沉积环境的元素地球化学特征[J]. 中国海洋大学学报（自然科学版），36（2）：200−208.

张俊，等. 2004. 塔里木盆地志留系沥青砂岩的分布特征与石油地质意义[J]. 中国科学（D辑：地球科学），34（增刊）：169−176.

张俊，张敏，胡伯良. 2002. 塔中11井志留系储集岩烃类地化特征[J]. 特种油气藏，9（1）：10−13.

张翔，田景春，彭军. 2008. 塔里木盆地志留—泥盆纪岩相古地理及时空演化特征研究[J]. 沉积学报，26（5）：762−771.

张翔. 2009. 塔里木盆地志留系层序地层学研究及意义[D]. 成都理工大学.

张鑫，张金亮，覃利娟. 2007. 塔里木盆地志留系柯坪塔格组砂岩岩石学特征与物源分析[J]. 矿物岩石，27（3）：106−115.

张学丰，等. 2008. 塔里木盆地下奥陶统白云岩化流体来源的地球化学分析[J]. 地学前缘，15（2）：80−89.

张炎忠，齐永安. 2006. 塔中地区志留系储层成岩作用及孔隙演化[J]. 海洋地质动态，22（5）：20−24.

张有瑜，等. 2004. 塔里木盆地典型砂岩油气储层自生伊利石 K-Ar 同位素测年研究与成藏年代探讨[J]. 地学前缘，28（2）：166−174.

赵红兵. 2011. 从野外露头看塔里木盆地志留系的气候变迁——以新疆柯坪县大湾沟剖面为例[J]. 石油天然气学报，33（10）：34−36.

赵文光，蔡忠贤，韩中文. 2006. 应用定量方法描述储层孔隙结构的非均质性[J]. 新疆石油天然气，2（3）：22−25.

赵文光，等. 2003. 塔里木盆地台盆区志留系层序划分及其特征[J]. 新疆石油学院学报，15（4）：9−12.

赵文光，等. 2007. 塔中地区志留系层序、沉积和油气分布规律[J]. 西安石油大学学报（自然科学版），22（1）：12−16.

赵文光，等. 2006. 油田开发过程中碎屑岩储层预测[J]. 石油天然气学报（江汉石油学院学报），28（3）：237−239.

赵文光，等. 2008. 塔中地区志留系柯坪塔格组沉积特征与油气分布[J]. 石油学报，29（2）：231−234.

赵志刚. 2009. 海相砂岩储层流体包裹体特征与成藏时期——以塔中志留系沥青砂岩为例[J]. 大庆石油学院学报，33（3）：26−30.

郑冰，承秋泉，高仁祥. 2006. 塔里木盆地东北部奥陶−志留系沉积成岩作用[J]. 石油与天然气地质，27（1）：85（92）.

郑和荣，等. 2008. 中国前中生代海相储层发育的构造−沉积条件[J]. 石油与天然气地质，29（5）：574−581.

钟大康，等. 2006. 次生孔隙形成期次与溶蚀机理——以塔中地区志留系沥青砂岩为例[J]. 天然气工业，26（9）：21−24.

周凤英，张水昌，孙玉善. 2001. 塔里木盆地轮南地区油气运移的路径、期次及方向研究[J]. 地质论评，47（3）：329−334.

周书欣. 1980. 成岩后生作用及其与石油的关系[J]. 大庆石油学院学报，64−86.

朱东亚，等. 2008. 塔里木盆地深部流体对碳酸盐岩储层影响[J]. 地质论评，54（3）：348−357.

朱如凯，等. 2006. 塔里木盆地塔中地区志留系层序格架、砂体类型与油气藏分布[J]. 中国石油勘探，42−46.

朱如凯，等. 2008. 碎屑岩储层成岩流体演化与储集性及油气运移关系探讨——以塔里木盆地满西地区上奥陶统−石炭系海相碎屑岩储层为例[J]. 地质学报，82（6）：835−843.

朱如凯，等. 2005. 塔里木盆地塔中地区志留系柯坪塔格组沉积相与沉积模式[J]. 古地理学报，7（2）：197−206.

朱筱敏，王贵文，谢庆宾. 2001. 塔里木盆地志留系层序地层特征[J]. 古地理学报，3（2）：64−71.

朱筱敏，王贵文，谢庆宾. 2002. 塔里木盆地志留系沉积体系及分布特征[J]. 石油大学学报（自然科学版），26（3）：5−11.

索　引